U0195120

风吹草木动

莫非 著

北京大学出版社

PEKING UNIVERSITY PRESS

图书在版编目(CIP)数据

风吹草木动/莫非著. —北京：北京大学出版社，2018.9
ISBN 978-7-301-29651-6

Ⅰ.①风… Ⅱ.①莫… Ⅲ.①植物－中国－图集
Ⅳ.①Q948.52-64

中国版本图书馆CIP数据核字 (2018) 第138456号

书　　　名	风吹草木动	
	FENGCHUI CAOMU DONG	
著作责任者	莫　非 著	
责 任 编 辑	周志刚	
标 准 书 号	ISBN 978-7-301-29651-6	
出 版 发 行	北京大学出版社	
地　　　址	北京市海淀区成府路205 号　100871	
网　　　址	http://www.pup.cn　　　新浪微博: @北京大学出版社	
微信公众号	科学与艺术之声（微信号：sartspku）	
电 子 信 箱	zyl@pup.pku.edu.cn	
电　　　话	邮购部 62752015　发行部 62750672　编辑部 62753056	
印 刷 者	天津图文方嘉印刷有限公司	
经 销 者	新华书店	
	650毫米×980毫米　16开本　28.25 印张　390千字	
	2018年9月第1版　2019年1月第2次印刷	
定　　　价	138.00元	

目 录

代 序

世界的到来，就是为等待一部完美的书

4月23日，是"世界读书日"。对我来说，望星空、读荒野和花时间看花，一样是美好的阅读经历。自然之书，是一部真正的原创巨著。倘若我们翻开的草叶、树叶是文字，那么，花与果实应该就是最美的插图了。风声、鸟声、溪水声，为什么不是伴随我们阅读的音乐呢？！

有一年春天，我在北京的山区拍摄野生植物，遇到六十多岁的牧羊人和他的三十几只山羊。我向牧羊人请教某种百合科植物的当地俗称，他用手一指："铃铛菜啊，这草药山里有的是。"原来玉竹在当地叫铃铛菜！花如铃铛，"菜"可食用，而且营养价值极高。这也算是"读书"读到了注解吧。

赫拉克利特（约公元前540—约前480）被公认是博学而智慧的人，而他却瞧不起"博学"。"博学并不能使人智慧。否则它就已经使赫西阿德、毕达哥拉斯，以及色诺芬尼和赫卡泰斯智慧了。"他列举的这些名字，都是古希腊伟大的智者。在他那里，连这些智者都不灵光，更何况其他平庸之辈。

赫拉克利特嘲笑的，其实是那种自以为"知道"就自作聪明的人。赫拉克利特留下来的著作，只是一些残篇断句（据说仅有143条），用两页A4纸就可以抄下来。这对后来的所谓"著作等身"的这家那家，真是个绝妙讽刺。他有一句话几乎是对人类的忠告："与心做斗争是很难的。因为每一个愿望都是以灵魂为代价换来的。"苏格拉底认为，自己了解到的赫拉克利特是美妙的，而不了解的那部分也应该是美妙的。

苏格拉底说，他自己"唯一知道的是不知道"。在我看来，知道了"不知道"的人一定是知道了很多的智者。而真正的智慧，一定来自我们"不知道"的地方。要是真的一无所知，那么，连"不知道"也是不知道的。荒野之中，奥秘无穷。不被一朵野花之美震撼的人，恐怕也理解不了一朵野花的玄妙。

世界其实很小，一片树叶很大。风吹草木动。没有草木，风有也跟没有一样。我常常被一片风中的树叶迷醉。因为树叶总比"一本书"更厚实、更深刻、更新鲜。要是我们连鼻子底下的东西都没有好好"读"过，在图书馆里，能看见什么呢？活的"知识"在早晨的草叶上，在正午的花蕊里，在黄昏的浆果中。此刻，我想起了诗人马拉美的一句话——

世界的到来，就是为等待一部完美的书。

莫　非

2016.4.23 北京

— 第一章 —

立 春

2.3—2.5

　　古籍《群芳谱》对立春解释为："立，始建也。春气始而建立也。"四时之序曲，草木之开篇。江南春早，梅花始发，结香绽放。北京地区，虽说地冻天寒，却也渐生阳气。万物苏醒，春风催促。杨柳萌动，千条万条。草色迷蒙，由南而北。大势所趋，顺应者方可万事顺遂。

立春 ～

春天不肯来而且那么远，于是我讨好春天
枣树更高了好像不是枣树，我讨好枣树

云朵的翅膀可以飞到无影无踪，那么
我讨好云朵。提着大海的篮子来到岸上

我讨好火车。然后我一路讨好雨水和柚子
好像柚子不够大也不够甜，讨好柠檬和蜜柑

我讨好春天的时候，正月没有问我为什么
没有讨好粮食和青菜，为什么没有讨好

那些宝座，而去讨好瓦缝里的龙葵和芄兰
不够结实的房顶依旧讨好风。看看太阳

不用讨好谁，诅咒太阳的人也依旧被照耀
像黑夜讨好大地的寂静，我讨好了几粒蚕豆

大拜年 ‿☁

旧年给辞了，我给新年拜年。新年刮大风
我给窗外的桃树拜年。桃树等开花等你来

给我的春天拜年。那么多青草没人管过
却养育了肥沃的土地。我给土地拜年最多

拜年都跪在土地上。我给北方的麦田拜年
给土豆给辣椒给勺子拜年，然后溪水流淌

给我的冬笋拜年直到竹林七贤个个笑了
给我的魏晋拜年，在风骨上生出大好河山

我给羽毛干净的乌鸫，给乌鸫不吃的虫子
给虫子丢下的卵给槭树叶的绒毛，一一拜过

最后我给你拜年，萝藦都看见我哆嗦
大拜二拜之后，我拜倒在一粒种子的面前

我赞美 ☁

我赞美这片寂静的时刻，仿佛一张金纸
从两面呼吸。甚至目睹了大地肋骨的悸动

我赞美冬天路旁的裸树，漆黑的枝丫
仿佛打扫了天空，再来清点嘹亮的星辰

我赞美雪的凳子和敞开的门户。我赞美
曾经失手的琉璃，就像琉璃赞美屋檐

屋檐彻夜锯着风中的树冠。我赞美你
丝渐渐淹没了绸，夜晚无有关联的响

我赞美雪的后身和脚踝。还有你的镯子
在碰撞之后，仿佛找不到任何碰撞的痕迹

我赞美万物的秩序。我赞美因为骄傲
而不敢拥抱大海的人，如今却听我赞美

安生的夜仿佛没有尽头 🌀

安生的夜仿佛没有尽头。我说仿佛并没有
减轻任何分量。你看漆黑的窗子算什么

银色的门把手算什么。土豆在火星上烤
羔羊等候降生。词语在池塘周遭生出新芽

还来不及说好好的好。我的神明我的赞美
信不信也只有一个。湖上的冰开始敲打

你回应了就是芄兰。擦着屋檐的喜鹊
叫别的鸟别叫了。四季撩起的风声那么远

阅读和寂静占了大半个书桌，比整个房间
还多出几个棱角。你言语无患子就播种

你唱云朵提水就来。这个春天都听你的
天色和积雪无须对照，尤其在早春的早上

梅花引 ⌒

弄来弄去弄梅花。好像梅花弄好了春天
就在树上下雪的时候。我也看见了你

看见不动的溪水。时光留下啊且留下
萝藦和鸟儿一起飞。萝藦和你一起找到

最早的地方。仿佛二月的堇菜看见三月
傻子在暗中得了宝贝，还不知道究竟

不知道多好啊！梅花的影子认了梅花
梅花在风中不认在地上不认，横竖不认

老干新芽都在。从前打扫的人都在
那边的野鹤闲云呢，这边的小桥过往呢

只有萝藦的树下，香一阵阵花一阵阵
太阳落树上，等你来你不来来不来也等

仿佛梅花不放，春之门是打不开的

梅花是另一场飘落寒冬的大雪。你看见的不是花落而是雪落。如果不是这样，那梅花也就不是梅花了。在如此的仙境里，还有什么愁苦不可以洗去，还要什么欢愉可以比拟？从《诗经》里下来几千年了，当然横枝竖枝伸展出来，仿佛梅花不放，春之门是打不开的。

梅花乃百花之神。所谓千姿百态，就是为梅花定制的赞美之词。自在而独树一帜，不言而通灵万物。而西溪水边的梅花，更是如梦如幻。老干古拙，青苔自生，仿佛忘记了还有人间。新枝率真，梅朵点点，如渡口的少女，看来年的行船，看往日的流水。

风吹梅花，琴声无声。落在别的树上的是雪，落在梅树上的才是花。草木是草木，梅花是梅花，看不出有什么共同之处。如果有，我猜也是博物学家无事生非罢了。凡是雪到之处，可观花开万树，普天之下，唯此唯美。古有梅花三弄之曲，深得梅花神韵。而今西溪看梅，一扫心中块垒。

暗香浮动，风解初心。正是水边的梅花
照见了第一缕春光。

今有西溪，梅树三千。
西子后院，疏影横斜。

树下萌发的青苔就像是
怜惜梅之落花。

池塘残荷犹在，四面梅花新生。

仿佛梅花不放，春之门是打不开的。

落在别的树上的是雪，落在梅树上的才是花。

老干古拙，青苔自生，仿佛忘记
了还有人间。

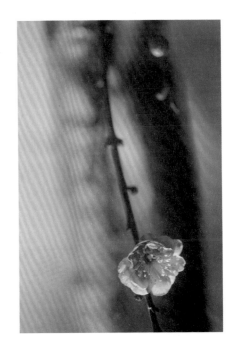

新枝率真，梅朵点点，如渡口的
少女，看来年的行船，看往日的
流水。

结香了，立春了

　　结香，瑞香科结香属植物。花色美，有异香。与沉香、瑞香和断肠草是表姐妹。结香的枝条有韧性，可打结，名字就是这么来的。

　　结香产自长江流域以南地区，豫陕亦有分布。在江浙花期与梅同，时在立春后。皮含高级纤维，可造纸。也是药材，有活络筋骨、治疗跌打损伤之功效。

　　结香还有个俗称，叫梦花。头状花序低垂，一副似醒非醒如在梦中的样子。民间传说，谁要是做了噩梦，早上就给结香的枝条打个结，便化解了。

结香花开，如在梦中。

梦中惊醒的时间多出
来，多到可以重新做一
回梦。

花开要早，莫负春光。

像结香一样结香，像结香一样化解。

生来就是要回去的。你要在路上多走走，多看看。

独行菜，萌芽

独行菜，十字花科植物。这不是"认"出来的，是尝出来的。好多十字花科植物的幼苗都是相似的，光凭肉眼看，很容易出错。通过味觉的回忆也是鉴别植物的辅助方法。赤裸的嫩芽，本来是压在砖头下面的。现场的独行菜很密集，我猜测砖头下面也一定有幼苗往外拱呢，就给拿开了，果然是！情况就是这样。

独行菜，幼苗

前面一株独行菜萌芽后，旁边另一株长出了绿色的叶子，让你看到那么早的早春。

诸葛菜，幼苗

诸葛菜，俗称二月兰，也是十字花科植物。过了立春，湖里的冰只是松了口，化也才化了一层皮。毕竟还是正月，北京夜间气温还在零下徘徊。敢于冲出来"晒"的，通常是十字花科植物，比如荠菜、独行菜、诸葛菜，不一而足。看见它们就知道，春天不声不响地来了。

雪地上的锦熟黄杨

锦熟黄杨，黄杨科锦熟黄杨属，常绿灌木或小乔木。俗称瓜子黄杨。产自华南。著名的园林植物。耐寒、耐修剪，经冬不凋，常做绿篱。

刺儿菜的种子
去年秋天不知道被什么事情耽搁了，刺儿菜的种子
没来得及飞走。

猬实，残存的果枝
花谢之后，依旧是花，毛茸茸的果实可以穿过三季，在
冬天的枝梢上闪烁。

苘麻，残存的果枝
苘麻，锦葵科苘麻属，俗称车轮草、磨盘草。冬天
过去了，大大小小的车轮还挂在细枝上，这是遭了
多大的罪啊。

假酸浆，残存的果枝
假酸浆，茄科假酸浆属。别称冰粉、鞭打绣球。原产南
美。全草入药。假酸浆，名字叫假酸浆，但种子不会假。

积雪中海棠的落果

结果会怎么样呢？有的落在树下，有的还在树上。

石榴，干枯的落果

石榴石榴，留了那么久，都成了石头。

栾树，落果

栾树，无患子科栾属。大乔木。一个寂静的午后，足够了。草地上的落果很快落到了春天。

—第二章—

雨水

2.18—2.20

　　古籍《月令七十二候集解》上对雨水作如是解释："正月中，天一生水。春始属木，然生木者，必水也，故立春后继之雨水。"杜甫有"好雨知时节"之句。雨也是最初的"种子"。先天下之种而种。倘若没有雨的播撒，不管什么种子发芽也难。雨露滋润，山河一新。老枝新芽，生机勃然。

雨水的诗

雨水 ⌒

正月梅花下雪，等于是早春芭蕉挨打
这景象里没有谁可以躲避。小小的虫子

同样盼望，就像词语飞过天际又撞到了
曾经失去的事物。而久别重逢的人啊

为什么在你的哭泣中，看见了晴空和闪电
看见石头和芜菁在大风中，不分上下

那离开的树叶纷纷回来，用不着再掩藏
萝藦和茺兰都自由了，哪怕拴在一根藤上

呼吸是撕咬。万物的根须挂满了枝梢
斜着下来的雨，被一扇更大的窗子收起

谁都知道自古以来，早春总是晚来的
只有你不早不晚，就像是我的此时此刻

写一首雨水的诗 ✑

写一首雨水的诗，即便阳光灿烂春风不起
节气依旧在那里等你来。等你正月月圆

天怎么蓝天也就怎么灰。北风在张家口
雪在山坳里。你在江南之南仿佛坐着轿子

雨的脚停在一阵一阵的树下，走得很慢
好像泉在石上茶在花间，连绵的青苔不经意

却挤到缝隙和屋檐上。好像冬天不曾造访
苦楝的院子无患子的邻里。梅花和蔷薇

在一条街上可是谁也没有看谁。熟视和无睹
也是一对表姐妹，甚至在外婆家一起长大

忘记了从哪里冒出来。薜荔挂满了墙头
你去看看果子还在不在，等雨水下来的时候

雨水就是我们的种子

雨水就是我们的种子，词语和蛇的种子
向下生长一直向下，乔木和大地有了着落

有了隆重的云朵，为的是把天空给空出来
种子可以飞芄兰可以绕。星辰可以照耀

黑夜的航行，树叶的船在树上等风吹
太阳可以升起，接送青草和堇菜的种子

你在荒野和大道的中央，等气候不等天气
等万物转折不等万物等你。等万物吩咐

雨水流淌玫瑰发芽，雨水流淌玫瑰开花
在时间的前后，就在我们屋檐的前后滴答

雨的种子串起雨的帘幕，你透过来看啊
到处是雨的种子，才有了去年和来年的萝藦

花儿与小乔 ✎

我在荒野里找。在报春和苔藓密集的
浅草里找。在我想你在的那边找

在石头驮着城堡飞行的地方，找
一个而不是两个一起找。积雪跟着

拖了积雪的后腿。巨兽的足迹
也在找，你我的去向你我的来历

流水早被搁置。天空就在倒影里找
死活一个找。等花朵生出了花儿

结果到来年找你。找来的梯子
找不来的剪刀。听虚无的咔嚓声

要找的人不在寻常处。要找的人
正在找，而你行迹全无又花枝妖娆

荠菜

要荠菜不要比较。要早春二月
不要含糊其辞。好心思自有好景象

因为专注，因为光在专注的地方
麻雀啄食细小的虫子。幸福的人啊

在半山坡上回头。荠菜开花
荠菜一发芽就开花。老虎的哈欠

那么白那么凛冽。大门紧闭
可门缝永远关不上。青草的三月

青草的四月，被荷塘领养过来
那么碎那么那么铺张。上元之夜

荠菜和鞭炮遍地开花。满城的雪
不要太久，不要穿过一个人的阡陌

荠菜护生

荠菜与苦菜，这田野里的野味，这家家户户的佳肴，探寻起来，和"诗经"一样古老却不遥远。《诗经·谷风》："谁谓荼苦，其甘如荠"，就牵涉到这两种植物。"荼"是一种苦菜，是菊科植物。"荠"，就是荠菜，十字花科植物。这两种野菜的口味，一苦涩，一甘甜。古人从苦菜里吃出甜来，直教人五味杂陈不是滋味。

荠菜，自古以来就是救荒护生之菜，野生味美，栽培亦鲜。

早春的荠菜。如果不是趴在地上几乎是发现不了的。它们灰头土脸的，太隐蔽了。紧贴地皮，只有半根火柴棍儿那么高。三月中旬以后，大江南北将随处可觅。

晋代夏侯湛的《荠赋》，称得上是咏荠的上乘之作："钻重冰而挺茂，蒙严霜以发鲜。舍盛阳而弗萌，在太阴而斯育。永安性于猛寒，差无宁乎暖燠。"把荠菜不惧严寒而出、先百草生而生的生长特性娓娓道来。

荠菜早在汉代，已经被先民驯化为栽培植物。后来又逸生为野菜，原因就是产量太低了。大约在民国初年，荠菜又开始成为栽培蔬菜。细想一下，菜篮子里的菜，大都是野菜变来的。等有那么一天，另一种十字花科植物——大白菜，大家都不喜欢吃了，自然就是"野白菜"了。那野白菜恐怕就成了稀罕之物。

池塘生春草。在江南，野生荠菜是可以越冬的。雨水时节，荒地池边，河畔阡陌，已是随处可见了。在北方，要等到三月才见新绿。

荠菜分布广泛，产生了大量的俗名和别称，生动平易，雅俗共赏。比如，护生草、扁锅铲菜、地丁菜、地菜、靡草、花花菜等。

护生的荠菜，也被林间的枯叶护着躲过冬天。

不惧严寒而出，先百草生而生。

急着开花，急着结果，恐怕迟了就不是荠菜了。

深情而易老，短暂但无悔。

缠着荠菜的打碗花说，不打碗，也平安。多结子，多护生。

春来春发，不枯不荣。

那么小，那么细心，也那么安静。

风吹荠菜，遇荒不慌，遇灾有救。
那些长不出荠菜的地方，才是荒地。

苦菜种种

　　名叫"苦菜"的野菜，是一个大家族，包含了不下三十种以菊科为主的食用植物。自古以来，人们对苦菜的名与实的理解莫衷一是，不论是本草学，还是训诂学。

　　《诗经》里"采苦采苦，于山之南"的"苦"，据说指的就是苦菜。《神农本草经》收录的苦菜，是败酱草科植物。明代博物学家朱橚编撰的《救荒本草》，收录了两种苦菜，一是苦荬菜，二是苦苣菜，有文有图，比较明确。

　　小小苦菜"长"在古籍的字里行间，让经学家、考据家和注释家叫苦不迭。生在沟沟坎坎的苦菜，在山民村姑看来，具体而真切，触手可得，不用煞费苦心。何以见得？因为它们就在那里，春来发生，春去结子。

　　苦荬菜、苣荬菜、抱茎苦荬菜、花叶滇苦菜和翅果菊（山莴苣），这几种"苦菜"都是北京常见的菊科植物。

苦荬菜，幼苗

苦荬菜，菊科苦荬菜属。一年生草本。全草亦入药。

苦荬菜，花

苦荬菜也叫苦菜，应该是苦菜的正宗。在江南，二月早春出苗的苦菜，食用最佳。三月中旬以后，苦荬菜开出硬币大小的黄花。

翅果菊，叶和蕾

翅果菊，菊科翅果菊属。别称山莴苣、野莴苣、苦莴苣、山马草。

翅果菊，花枝

我更喜欢山莴苣这个别名，是因为忘不了开花的莴苣。

抱茎小苦荬，全株

抱茎小苦荬，菊科小苦荬菜属。别称抱茎苦荬菜、苦碟子。苗期为莲花座状，叶抱茎，故名。

花叶滇苦菜，全株

花叶滇苦菜，菊科苦苣菜属。一年生草本。高50厘米。小黄花。林边、路边常见。

抱茎小苦荬，花枝

紧紧抱着母亲的孩子，紧紧抱着菜茎的叶子。

花叶滇苦菜，叶

野菜也有刺，好让你记得住。

抱茎小苦荬，墙头上开花

墙根屋檐，花枝摇曳，田头沟边，金色点缀，是一派小风景里的唱诗班。

花叶滇苦菜，花

你来采菜，蜂来采蜜，何苦之有？

白花苦菜，花

白花苦菜，菊科苦荬菜属。别称苦菜。开小白花。幼苗味美。全草入药，清热解毒、去腐化脓、止血生机。可治疗疮、无名肿毒、子宫出血等症。

苣荬菜，幼苗

苣荬菜，菊科苣荬菜属。俗称曲麻菜、侵麻菜。多年生草本。可高达150厘米。幼苗凉拌或蘸酱食用。清热解毒，不苦不药。

苣荬菜，全株

吃苦才不苦。吃不了苦，最后就只有吃苦头了。

斑种草萌芽

斑种草，紫草科斑种草属。京津冀路边、田埂常见的野草，早春到夏初开花。

斑种草，破土而出，古人用一个"破"字，就把植物的萌生之状圆满道来。

萝藦的种子

萝藦科萝藦属。飞越了冬天的种子，也是春天雨水的种子。

香椿越冬的果枝

香椿，楝科香椿属植物。香椿春芽是野菜中的野菜，味道鲜美，无可替代。其木材珍贵，欧洲人将香椿树叫作"中国桃花心木"。

连翘越冬的果枝

连翘，木樨科连翘属，落叶灌木。种子可入药，清热解毒。药用其叶，可治疗痢疾、高血压、咽喉痛。

圆柏，一岁幼苗

圆柏，柏科圆柏属，常绿乔木。《诗经》中称桧。也叫刺柏、珍珠柏、红心柏。这株估计只有10个月的树龄，高10厘米。很小很幼稚，形同枯草，却是一棵树，而且是耐寒耐旱的常绿树。假如没有人祸天灾，活上500年是不成问题的。相比之下，在自然界，无论怎么活，活多久，人都是小孩子。现在是信不信由你，将来是不由你不信。

求米草枯叶

求米草，禾本科求米草属。也叫皱叶茅、缩
箬。名曰求米，与世无求。草间杂草，一秋
而枯。冬去春来，周而复生。

越冬后的求米草

干枯的草茎上，新芽在冒头。

第三章

惊蛰

3.5—3.7

惊蛰之名，汉初曰启蛰，汉景帝时改为惊蛰。早春二月，雷动万物，蛰虫出走。黄鹂声声，杨柳依依，桃李花开。地黄破土，车前若惊。北京地区，天气还是乍暖还寒。堇菜萌生，荠菜生花。若闻春雷，要等谷雨之后。自此，一年之大计开始了。

惊蛰 ᨒ

梅花早了桃花也还迟。春天你来正是时候
落英满地，好像一场梦下了一场细雨

荠菜的绿不知不觉。荠菜的白闪烁不定
幸福的人为什么依旧哭泣，幸福的人

为什么看见天是空的，大海是恍惚的
比美梦成真更好的世界还不够我们挥霍

时间那么多了还不够。屋顶滚动的雷
落在灌木丛里。南风吹进南窗那么吝啬

杨柳朝北溪水平阔。云朵结香那么亮
无患子的明月惊动了无患子。我的人啊

为什么不断喊着为什么。一只金色的鸟儿
让杉树长满羽毛，却不给春天一声赞美

三月

三月就是守候四月。杨树依着自己
柳树抱着枝梢。仿佛惊蛰之后的虫子

因为饥渴而坠落。丁香的蕾不能打断
我们的交谈和枝条，穿过时间和芥蒂

葫芦种在葫芦里才好。娃娃们足够聪明
衣裳足够晾晒。而三月多出来的江水

不能沐浴也不能灌溉。所有的节气
已经奏效。雨的惊蛰除了雨毫无节制

三月的凳子躺在路边，活过来的橘子
说了一堆也没用。到处是到处是到处是

春天和东南风在一起，把花儿种树上
我和你在一起，种下小南瓜和几个词语

我等你来 ∽

我在简单的诗句中，等你沐浴
在芭蕉辽阔的叶脉上，等你入眠
等黑夜完全过去了，我等春雨如油
等萝藦结果，不等萝藦开花

二月和小年，等一起来的救主
念想的雪的峰峦雪的村落
等河水流淌，时光一去不返
等大千世界数着页码，等不及了

书的台阶高高在上，我等你看
劳动和抬头的屋檐等到什么时候
等你在囚禁的天边，带回翅膀
等我的利息在石头里被取走

小心翼翼的锦缎等来了婚礼
青草梦见新芽，柳枝潜入倒影
等太阳悠悠升起什么也不用等了
等你醒来再等我把这首诗念给你听

一阵风吹走一阵风 ᶜᵒ

是毒药给毒药都吃了。慢给快嚼出了沙子
佐证逐一报废。仿佛万物的心脏开始了跳动

睡眠和青草没有连接的地方，如果梦是花朵
结果就是春天。大海像一条鱼游到岸边

淹没的树木死去了很久，很久之后树叶响起
树叶和窗户一样有烟头上的指纹，是一桩案子

十年八年也悬而未决。只有灵魂高高在上
看我们的肉体过度操劳，绳子不断烂掉

泥土不断翻新。打下的食粮供我们日夜挥霍
爱已经足够奢侈，足够一个星辰发号施令

暴君喜欢说笑话了，娃娃们喜欢说再来一个
再来一个还是表面的尘土，一阵风吹走一阵风

紫花地丁

我深知那个深渊落在何处。那么小的野花
那么小的尤物，给我带来了盛大的春天

仿佛四月的节令已经传布。雨水的滴答
回应着云朵和乔木。我深知石头的缝隙

需要长出石头的时间，就像一株紫花地丁
凭空而来，你给了世界最本真的面貌

青草和废墟毫无遮盖。滚动的雷不是太大了
而是一不小心，让一个满怀疑虑的人回头

那么近，不过是举手之劳，挡开一个疯子
就像万物曾经的种子，仅仅为了此刻的绽放

杨柳收起的鬃毛又一次甩开。又一次
大地像浮萍一样孕育，又一次星辰一样密布

早开堇菜：三步之内必有芳草

北京的初春，丛林、坡地、田埂、墙缝和砖缝，早开堇菜可能是最小但最早开花的植物。一小一早，就很容易掩盖在我们的视野里。一个曾当过园丁的哲学家曾说：不熟悉的植物就藏匿在人们的眼前。假如不是长时间通过镜头来"看"，那些仅有几厘米高的早开堇菜，只能是杂草里的杂草了。

新叶和花蕾，几乎同时破土而出。也就是七到八天之后，紫色的犁头一样的花骨朵就晃动了刚刚解冻的大地。这种堇色的小野花，高度只有四五厘米，花茎细如火柴。当我膝跪地、头拱地拍摄她们的时候，很多人站在旁边依然看不见我拍摄的是什么。可见她有多么不起眼。

民间也叫她紫花地丁，俗名比学名早开堇菜还要响亮。早开堇菜各地有各种俗称。我知道的有：箭头草、犁头草、独行虎、羊角子、兔耳草、米布袋、米口袋、多花米口袋、毛紫云英、地丁草、待雪草、如意草、紫地丁。

在西方，堇菜大有来头。相传河川之神伊儿为了躲避宙斯之妻赫拉，慌乱之间变成了小牛。宙斯为了让小牛吃草而创造了紫地丁的草叶，并在草上添了一种紫色的小花朵，那就是我们也可以看到的开花的早开堇菜了。

见缝插"丁"，似小非小，不甘示弱，不甘毁灭。足见自然界给我们的启示是多么丰富。就在我写这些文字的同时，紫花地丁正在开放。对物候观察者而言，春天已经来了。

北京的初春，刚冒芽的早开堇菜和残留的果壳。

台阶下的早开堇菜。残雪刚刚化开，萌芽四周是她去年的梗概。

早开堇菜总是比我们看见的还要早。新叶和花蕾，几乎同时破土而出。

紫色的犁头一样的花骨朵就晃动了刚刚解冻的大地。

这种堇色的小野花，高度只有四五厘米，花茎细如火柴。

早开堇菜可能是北京最小但最早开花的野生植物。如果不是通过镜头看，那么小的早开堇菜只能是杂草里的杂草了。

民间也叫她紫花地丁，俗名比学名还要响亮。

桃枝妖娆柳如是

　　山桃，蔷薇科桃属乔木。也叫毛桃、野桃。原产中国。根据最新科研成果，山桃是桃树的"先祖"，对中国桃树演化具有决定性的作用。

　　垂柳，杨柳科柳属植物。古人常常杨柳不分，诗词歌赋中的杨柳，说的就是垂柳。比如"杨柳依依"，只是垂柳在那里"依依"。而"杨柳岸晓风残月"，定是岸边垂柳在晨风里露出了残月。北京现在还有个地方叫垂杨柳，道理自明。

山桃花在荒野上，自顾自盛开，自顾自结果。

桃花的根源是流水，流水的根源不是桃花。

万物有花开。有的你看见，有的看见你。

你遇见的桃花，让春天有了四季，让四季都是春天。

原来满天飞的落叶，如今已是柳枝上的一些嫩芽。

风吹柳绿好看天。

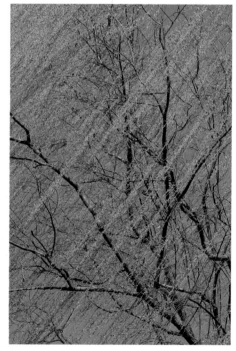

好消息往往在半路上就拐弯了。

春日迟迟，雨丝长长柳丝长。

贴梗海棠，春芽和蕾
贴梗海棠，蔷薇科木瓜属，落叶灌木。
一点花蕾，不等太久，便是满枝繁花。

美人梅，花枝
美人梅，蔷薇科李属。灌木或小乔木。耐
寒，花早。法国引进。是由重瓣粉型梅花与
红叶李杂交而来并以观花为主的园艺品种。
偶见结果，紫红色，状如红李。

蛇莓

蛇莓，蔷薇科的莓属。逃过了冬天的蛇莓，一点绿是酢浆草的嫩芽。

地黄的萌芽

地黄，玄参科地黄属植物。野生或栽培，根茎入药。是著名的"六味地黄丸"的主药。

酢浆草的嫩芽

酢浆草，酢浆草科酢浆草属。一年生草本。俗称酸浆草、三叶草、钩钩草。具有超强的自播能力，种子成熟后可弹出很远。对后代的繁育可谓不遗余力。

露出根茎的地黄

这是刚从地里冒出来的地黄。她与去年开花的地黄本是同根生。但愿她今年也照样开玄妙的花，治玄奥的病。

刺儿菜，幼苗

刺儿菜，菊科蓟属。多年生草本。嫩苗可食。凡打过猪草的人都知道它在什么地方。没打过猪草的人打一回也就知道了。

泥胡菜，幼苗

泥胡菜，菊科泥胡菜属。一年生草本。全草入药，清热解毒。本来清清爽爽的泥胡菜，却叫了泥胡菜这样的名字。也是因为太常见了，不觉稀罕。嫩苗可做青团。若在荒年，那可是救命的野菜。

中国绣球，越冬的花枝

中国绣球，虎耳草科绣球属。灌木。去年的绣球被抛在数九天里照样还是绣球。到了春夏之交，绣球花又会抛起来，但愿你还幸运地认得，并且可以接过来。

锦带花，枯叶

锦带花，忍冬科锦带花属，落叶灌木。有人看见或许是枯叶，我看见的是锦带花在忍冬的日子里依旧念念不忘自己的锦绣年华。过不了多久，锦带花就锦带一样地打开了。她冬天的样子，谁还在意呢？

紫丁香，越冬的果枝

紫丁香，木樨科丁香属。灌木或小乔木。枝上的果壳，估计紫丁香也不记得了。紫丁香过冬以后，就是自己的天下了。春天一来，那个结着愁怨的姑娘一路开花，应该无愁无怨了吧。

第四章

春分

3.20—3.22

春分时候，燕子归来，雷声响起，太阳也离我们更近了。蒹葭抽芽，柳芽染绿。山茱萸不在山上，紫叶李名不虚传。杏花无声等着春雨，迎春开花连着连翘。玉兰二乔，花开先后，时不迟疑。春分两支，一白如雪，一紫如霞。万物萌生之际，万千气象犹在。

春分 的诗

春分

瓦砾丢下一堆冒失的钉子。星星不说话
所以太远了。好像声音离开了杨树的叶子

杨树招风却没有风来。我的女儿是哑巴
语言对世界而言都是冒犯。萝藦生下茺兰

云朵生下风和火。草木平分大地的沟坎
相爱的人在街上走着，几乎不用什么力气

拿走名字的大街一片喧哗。仿佛在世外
一切瞬间变小。看酢浆草的种子蹦蹦跳跳

看你的春天落在山下。还有湖水和响动
在长堤上晾晒雨中的桃花。还有梯子

把空闲留下可以万物安生。痴呆我消化
也可以营养自我，就像有人奔跑有人逃命

是春天的第一天 ∽

是春天的第一天喊你出来，到荒野上
喊你的人在灌木后面喊。一个傻子

像我一样不知所措，忘了时间的教诲
苦菜和荠菜是最亲的。给你的力气

足够一个春天铺张锦缎。足够一个人
目睹人间突然老去，花朵依旧妖娆

虫子们打开翅膀。而白杨树的毛毛虫
都跑了不知道什么时候。喊你的人

更害怕的是怕丢了自个儿，丢了魂儿
即使拥有了万物，也等于两手空空

没有结果的枝条在风中，如此轻率
只有海棠催促梨花，一声响一声不响

春茶

遍野出头的茶树，疼了一遍再疼一遍
就到了谷雨节。所有的嫩叶都躲不过去

炒了又炒。这可口的杯子香飘千里之外
仿佛春天的肺腑之言，你还没有听见

寂静的夜因为风声更远了。静静的夜啊
因为寂静爬满了星星。谁若可以忍耐

谁便是飞禽和走兽，在一大片灌木丛里
咀嚼大地的馈赠。山水不在山中奔流

桃枝不在花间绽放。旧年的雨今年又来
你看啊杨柳飞花开始，杨柳依依随后

从三月到四月，春茶没隔几天就老了
伸手刹那，唯你的初心和万物渐次打开

晴空丽日真是不好说 ≈

就像另一个春天的这个时候
水在山茶中洗得那么干净
花儿开，花儿都不知道开开了

世界好似偶然的迟到者，等你来
等你不来。我看见苍山的雪
苍白到了山顶，几乎不是山顶

因为云朵下面只有云朵
只有风吹着松树，松树没了
风就没了。甚至万物有灵

也不管用。甚至另一个春天
有青草生出池塘，却一片茫然
有喜悦但少了根由。有安宁

在意外之所，找到我们的不安
找到星星但找不到一个台阶
而宿命论者的眼中太阳不早不晚

你不早不晚，就像这个时候
所有的人，恐怕一无所有
所有的所有仅仅是词语和封号

不值得劳心。不值得深夜醒来
观照窗子和灯光遥远的村落
如四月的节气雨下在水里

即使满目星斗，时间死去
石头的分量也无法减轻什么
因为苍山没有风，洱海下着雨

落地的果实滚动直到大地的尽头
你听见的撞击声，吓坏了春天
就像另一个春天的这个时候

你看看大地起草的春天 ☁

你看看大地起草的春天，停放在历法上
篱笆被捆绑。刚吐露的萌芽危险而且软弱

丁香在北结香在南。她们如此好听的名字
充满了疑惑。当细雨的柳枝在风中摇摆

折断的时间活了。像含冤的种子一样
乾坤郎朗不可能埋藏。朗朗乾坤不可能

梧桐没有结果。太阳燃烧的山顶凤凰飞过
麻雀同样觅食和尖叫。仿佛三月的尾巴

率领万物生长。明天之后依旧是昨天
初心未改的面貌。木兰在玉兰树上开花

开大乔和小乔的花，宛如四月的东南风
催促云朵和溪水，节气也催促你赶紧回来

大乔小乔看玉兰

玉兰，古名木兰、辛夷、木笔。已有2000年以上的栽培历史。

玉兰之名，始于明代。《群芳谱》载，"玉兰花九瓣，色白微碧，香味似兰，故名"。晚唐李商隐有《木兰》一诗，"二月二十二，木兰开坼初"，诗人准确记录了唐代中原地区玉兰花初绽的时间。

明代王世懋《学圃余疏》载："玉兰早于辛夷（紫玉兰），故宋人名以迎春。今广中尚仍此名。千千万蕊，不叶而花。当其盛时，可称玉树。树有极大者，笼盖一庭。"木兰由此被区分为木兰和玉兰。清代吴其浚《植物名实图考》载："辛夷即木笔花，玉兰即迎春。余观木笔、迎春，自是两种：木笔色紫，迎春色白；木笔丛生，二月方开，迎春树高，立春已开。"

吴其浚，毕竟是清代博物学第一人，观察细微，言之有物。木笔和辛夷是紫玉兰的别称。紫玉兰是小灌木，玉兰是大乔木。紫玉兰花期稍晚。我猜历代诗人一定是被"木笔"之名触发灵感，自屈原以来，心仪木笔，顺水兰舟，一洗如碧，迎春而发。

二乔玉兰是玉兰和紫玉兰或木兰杂交而成的园艺品种。二乔玉兰取自古代美人大乔小乔之名。北方早春所见二乔玉兰的花期，比玉兰晚一周左右。玉兰花落之时，惊艳的二乔玉兰便出场了。仿佛玉兰完成了探春的使命，二乔款款而至，芳华绝代，不输三国。

春天是你等来的。再耐心一些，玉兰就为你打开。

我始终记着你的名字，但我不想告诉任何人。

我叫她大乔望春，这一朵比二层楼还要高。

如玉如兰，一望可知。

我听见落在枝头的鸟儿叫了一声，又叫了一声。
春天在这里，真的开始了

二乔高高在上，比春天还高出一朵花。

蒲公英：随风而远

蒲公英是菊科植物的一个属，约有1000种，广布全球。中国有蒲公英属植物75种以上。

蒲公英，始载于《唐本草》："蒲公草，叶似苦苣，花黄，断有白汁，人皆啖之。"孙思邈《千金方》作凫公英，苏颂《图经本草》作仆公罂。《本草纲目》载蒲公英于菜部，"地丁，江之南北颇多，他处亦有之，岭南绝无。小科布地，四散而生。茎、叶、花、絮并似苦苣，但小耳。嫩苗可食"。

民间把蒲公英叫黄花地丁、黄花苗、婆婆丁。在古代，蒲公英曾经是地道的栽培蔬菜，逐渐被其他优质高产蔬菜替代之后，便沦为一种"野菜"了。作为一种食疗菊科植物，人工栽培或野生的蒲公英，具有丰富的营养价值。

在新疆地区，发现有野生的紫花蒲公英、红花蒲公英分布。白花蒲公英也有。换句话说，不是所有蒲公英都开黄花。也许除了白花、紫花、红花蒲公英之外，还有我们不知道的其他花色的品种，等我们去寻找，去发现呢。

在北京地区，蒲公英在3月中旬就开花了，与早开堇菜和紫花地丁的花期非常接近。据我观察，开花的蒲公英也是耐寒的，夜间即使结霜，等到太阳出来就化掉了，花照开，叶照长。早春的蒲公英，叶子是伏地的，保温的土壤守护了她，地温在2摄氏度以上便可以萌发。

蒲公英也是"向阳花"，花序在夜间是合拢的，随着太阳升起花序打开。开开合合一个星期，果实就成熟了。通常，一株蒲公英的花期可以持续一个月左右。从生物学特性上看，蒲公英属于多年生宿根短日照植物。夜长日短，光照良好，春秋两季，花开繁盛。

在北京地区，蒲公英在3月中旬就开花了。开开合合一个星期，果实就成熟了。

传说中的小女儿，草木间的灵丹药。

蒲公英是造物主送给孩子们最亲近、最自然的礼物。点点洒金，朵朵连绵，如幻如梦，随风而远，蒲公英总是与童年记忆重合的野生植物。

那么早的早上。那么早的花。那么早的种子。

迎春花，花枝

迎春花，木樨科素馨属。别名素馨、金腰带。落叶小灌木。与水仙、茶花、梅花统称"雪中四友"。迎风而立的是迎春花柔软的枝条。春来迟迟？不早不晚！

连翘，花枝

连翘，木樨科连翘属。连翘常常被误认为迎春。迎春枝条充实，新枝绿色且四棱，花六出。

杏花，初绽

杏花，蔷薇科杏属小乔木。中国有2000年以上栽培历史。杏花寒风料峭中开花，盛花期只有三五天。唯恐人家折了去似的。早早来，早早走，如春光乍现一般。南宋诗人范成大有"东厢月，一天风露，杏花如雪"一句，准确描述了杏花的这一特点。桃、李、杏，作为蔷薇科植物，被先人并称"春风一家"。

单瓣的榆叶梅，花枝

榆叶梅，蔷薇科桃属植物。榆叶梅是桃家族的小美人儿。风吹榆树叶，花开梅枝上。叶似榆、花如梅，故名。和梅花比，榆叶梅花瓣大一倍，且多为十瓣花。只要靠近看，是不会错的。

碧螺春，嫩芽

碧螺春，山茶科山茶属。中国十大名茶之一。唐宋时期贵为贡品。条索纤细，卷曲如螺，饮之有果香。民间名曰"吓煞人香"。相传康熙南巡苏州太湖偶饮此茶，大加赞赏，觉茶名不雅而赐名"碧螺春"。从此，声名鹊起，不在话下。

芦苇，新笋

芦苇，禾本科芦苇属水生植物。未抽穗的芦苇曰"蒹"，芦苇的新苗曰"葭"。芦苇是从诗经里长出来的，而且永远年轻。所谓伊人，在水一方。

紫叶李，花枝

紫叶李，蔷薇科李属。紫叶李别称樱桃李、樱李。产自新疆。乔木，高可达8米。驰名中外的园林树种。

紫叶李，树干与花枝

开密密麻麻的白色花儿，结果是紫的，不结果也是紫的。

山茱萸，花冠

山茱萸，山茱萸科植物。北京地区3月中旬开花。

山茱萸，雪后花蕾

在一场春雪后，山茱萸照样开放。

金银木，枝叶

金银木，忍冬科忍冬属，灌木或小乔木。也叫金银忍冬。这名字总叫人觉得特别厉害，不惧严寒，甚至还可以度过"金融危机"什么的。秋末冬初，殷红透亮的小果实布满枝条，盈盈动人。

榆树，果枝

榆树，榆科榆属落叶大乔木。别称家榆、白榆、钱榆。著名的救荒植物。榆木耐腐蚀，纹理细腻雅致，是建材和家具的好材料。有"榆木疙瘩"的俗语，特指愚笨，死心眼儿，不开窍。每每想起这个榆木疙瘩，好像说的就是我。

七叶树，新叶

七叶树，七叶树科七叶树属。别称梭椤树、婆罗子、天师栗、开心果、猴板栗。高大乔木。常用来做行道树。
种子是草药。无患子家族的远亲。北方寺庙庭院常见栽植，也有人叫它"七叶菩提"。

枸杞，新叶与旧年的果实

枸杞，茄科枸杞属。可食、可药、可观。

— 第五章 —

清明

4.4—4.6

清明时候，棣棠摇，桐叶发，霓虹见。细雨蒹葭，草木深深。清茶有醉，四季方醒；海棠无香，以讹传讹。西府出嘉木，木瓜也琼琚。暖日不迟，来时不远。路上行人多妩媚，一树梨花匆匆落。春风如沐，桃花十里。万物有生有命。时候对了，怎么都对。时候不对，再等时候。

清明

在人间，一个人走不动了连翘便怒放
灵魂丢在原地，像石头运送庙宇的根基

七叶树发出锋利的新芽，在很久之后
河流和蒹葭都是浅的。仿佛拔高的山峦

驮着雨水归来。如果一个人走不动了
云朵的影子来打扫田埂。尘土不知疲倦

因为尘土不吃我们的粮食。太阳升起
照看孝子贤孙，也照看乞丐和不义之人

遍地的河流开始了。春天的第一天
率领木兰和燕子开始了。屋顶的废墟

只剩轮廓的一片废墟，青草扶着青草
正打量世界，而无常的事物永远在眼前

四月在我这边 ⌒

四月在我这边，雨和丁香一起一落
蒲公英开了满地。好像金子也会开花

金子还开什么花呢？这新来的青草
跟春风有什么关系啊。四月在我这边

墙头多了些恍惚，地头多了些牛羊
苦菜是嫩的好，若是老了就不是苦菜

四月在我这边，是海棠。若不在我这边
便是海棠的四姐妹。名字接连闪烁

好让事物慢慢结果。贴梗的垂丝的
都在了。青的红的肥的瘦的都是一个

万物有生有命。好像时间的篮子里
不满的才弥足珍贵，已满的毫不吝惜

唯有此刻

唯有此刻。像一个哑巴在词语中穿行
万物被犁铧翻开。这些细微的尘土

这些生命里的节气必然到来。仿佛萝藦
不懂天高地厚到处飞。在江南开花

在江北结果。这些纠葛不断的时日
这些黄金表面的刻画，如同雨后的天色

就在你念念不忘的地方，菡萏满池
莲蓬空空。这些无边的草木生死相依

这些寂寥的风声透过窗棂，已不是风声
而是远去的枝梢，抖动我们的肩胛

这些雨水的阵阵流淌，这些跋涉和怠倦
大地的赞美者，你唯有此刻荣获喜悦

写光景在中间 ⌒

写光景在中间
或者稍微靠后一点
写棣棠早于海棠
写海棠略晚于寂静的傍晚

写我的人也在写
只顾梨花三天下雪
不管连翘万家点灯
我的人啊如来如去如何好

写一个名字在四月
写四月开展的芭蕉上
写芭蕉掀起辽阔的帘幕
写帘幕透过清晨冬笋剥削干净

写你在树下写一首诗
写琥珀链条穿越生死之界
写秋日满城的桂花飘落满地
写一句而另一句上来又悄然抹去

桃花不算 ☁

人算，天算，不算。更高级的永远不算
不算什么谁也没办法。不算什么才是准的

突兀的云朵停在乔木上。下不下雨呢
都没有猜透。一样的桃花如今不一样了

所以不算是美妙的，因为你是因为的
早春算早了。风吹着柳梢没有一丝摇晃

人啊多么多，多么笨拙。天啊多么蓝，多么少
不算的大海和青山，算出了不小的窗子

大地走到头，不算玉米和芜菁走到了头
不算时间，漫漫冬夜等于爱给了星辰

你给了白昼。近在眼前的萝藦好久不见
桃花的根据是流水，流水的根源不是桃花

风吹桃花，扑面春天

桃，蔷薇科桃属。原产中国，有3000年以上栽培历史。古籍《诗经》《山海经》《吕氏春秋》均有记载，并有出土文物相印证。公元前2世纪以后，中国桃经"丝绸之路"传播到波斯，从那里再传入地中海沿岸国家。15世纪，中国桃进入英国。此后，欧洲对中国桃的栽培日渐兴隆。

从"桃之夭夭，灼灼其华"到"不知有汉，无论魏晋"，桃花在中国文化中结出了累累硕果。在悠久的文化积淀中，桃花已成为中国古典文学艺术的"意象之母"，生出无限的灵感和诗意。假如春天没有"桃之夭夭"，那么"杨柳依依"也会黯然失色。

"去年今日此门中，人面桃花相映红。"桃花也是镜子，抑或就是人面。诗人观察得太细微太美妙了，仿佛一个脉脉含情、楚楚动人的妙龄少女还在那里，时间在门后停了下来。"象"由心生。说不定本来就没有"人面"，诗人只是偶然间瞥见一树桃花而已。真可谓，桃花一面，定格千年。

风吹桃花，一个美妙的春天扑面而来。桃花之美，首先是"文化"点拨给我们的。其次是桃花本身之妖娆激发了我们的想象力。最后呢，才有可能是一个摄影师眼中的桃花。如果这个摄影师碰巧是我，那么，这里出现的桃花只是一个"背景"，而且很小，小到把书合上才可以看清楚。

桃之夭夭。最美的桃花在诗经里一直开着。

那么鲜艳的桃花种在树上怎么会凋落？

四季之外，桃花五出。一见桃花，别花不遇。桃花与谁争呢？杏花已落，梨花太白，李花无色。

群芳谱中，海棠有四

海棠在中国文化中花茂根深，自汉代上林苑种植以来，已有2000多年栽培史。唐人爱海棠缘起皇室，而宋代是海棠的"盛花期"。明代《群芳谱》记载海棠有四：西府海棠、垂丝海棠、贴梗海棠和木瓜海棠。

学过些植物分类学的人，常常不太适应中国古代博物学家的植物归类。要知道，现代意义上的植物分类学是晚近的事情，不要求全责备于古人。就像如今的汽车配件商不必讨论车梁木的栽培史一样。我自己偏爱博尔赫斯式分类。而所谓偏爱，也就是不讲什么道理的意思。

西府海棠，蔷薇科苹果属

西府海棠的名号，晋朝已有。西府是个古地理概念，在陕西。古人常以植物的栽植地点给植物命名，比如，紫薇，当年就是在汉代掌管天文的紫微宫里栽植的，就叫了"紫薇"。博物学家很早注意到，西府海棠非野生，是自然杂交和人工培育的结果。在四种海棠中花香最浓的一种，是海棠中的"小乔"。在古典文学中出现的海棠，多是西府海棠。

垂丝海棠，蔷薇科苹果属

蔷薇一族，产自江南，小家碧玉，最是欢喜。垂丝海棠初花朝天，三五朵一簇，盛开时如铃垂下，花梗细长，故名之曰"垂丝"。垂丝海棠在四种海棠之中血统最纯，多是小乔木，在北方所见，罕有大树，花期不过一周。

贴梗海棠，蔷薇科木瓜属

贴梗海棠多为灌木，少见乔木。花贴着枝（梗），所以叫贴梗海棠。枝上有刺，才不愧是蔷薇科植物啊！花有红色、绿色和白色。重瓣者众。在四种海棠里园艺品种最多。花叶同期，观花为主。

木瓜，蔷薇科木瓜属

别称木瓜树。是海棠中的"大乔"，树形俊美，老树树干多花纹，细观如抽象画一般引人遐想。是著名的园林植物，高可达10米以上。花开飘逸，多为粉红色，单瓣五出如梅。

梨花，初绽

梨花，蔷薇科梨属植物。世界30种，中国13种。有东方梨和西洋梨之分。东方梨被认为起源中国，有近3000年的栽培历史。在《诗经》已有记载。在《齐民要术》中，梨的嫁接方法已有完备的记录。

花开第一天，蕊红色。第二天，蕊褐色。

樱花

樱花，在广义上是指蔷薇科樱属内植物。原产喜马拉雅山区，经过人工栽培，引种到西南地区和长江流域。全球约有150个野生种，中国约有50种。

碧桃，花枝

碧桃，桃树的变种。原产中国。在园艺学上，观赏类的重瓣桃花，统称为碧桃。也就是说，你看见的重瓣桃花都叫碧桃。碧桃是桃的变种，直呼"桃花"还算靠谱。

菊桃，初绽

菊桃，碧桃的一个园艺品种。似菊而桃，一树奇葩。

垂枝碧桃，低垂的花枝

垂枝碧桃，碧桃的一个园艺品种。
看上去就是对什么人或者什么事多了一丝牵挂。

菊桃，花枝

倘若当年陶渊明看见，恐怕就是"采菊桃枝上，悠然见菊花"了。

单瓣棣棠，花枝

棣棠，蔷薇科棣棠花属。在北京地区四月中旬开花，预示着春日将尽，很快就要入夏了。棣棠在日本叫"山吹"。倒也生动。棣棠细枝嫩叶的，风不吹，花都颤。

清少纳言的《枕草子》（日本古典文学名著）中，作者认为最好的东西是：火盆、酸浆、松板、棣棠花的花瓣。花之飘逸，叶之清瘦。明黄灼灼，远观夺目。尤其是暮春时节，海棠、梨花、桃花悉数凋零，棣棠独自闪烁，一派舍我其谁的心思在风中摇曳。

无花果，花隐隐于果

无花果，桑科榕属。原产地中海沿岸。唐代传入中国。《创世纪》里亚当夏娃被蛇诱惑后偷吃的禁果，就是无花果，而无花果的叶子其实就是人类遮着的"第一件衣裳"。

无花果树并非真如其名，无花而果。它的隐头花序是无花果树重要的特征。因为花是生于果内，所以叫它隐头果。果内顶端长有雄花，底部的是雌花及瘿花（不育花），故花和果单看外表是分不出来的。

雌性"榕小蜂"会钻入无花果雌花之中，产卵以后死掉。雄性的卵首先孵化，从无花果中飞出，去寻找有雌性黄蜂的无花果进入，并与之交配，然后死去。雌性黄蜂携带受精卵和花粉飞走，开始新一轮的循环。无花果则将死去的黄蜂分解为可被植物吸收的蛋白质。

无花果不仅有花而且是神奇之花。花就是果，果就是花。如若没有小小昆虫的帮助，这个花的后果很严重——人类就吃不上如此鲜美的无花果了。

白丁香，花枝

白丁香，木樨科丁香属。因其高贵清新的花香，被誉为"天国之花"。

重瓣欧丁香，盛花期

重瓣欧丁香，木樨科丁香属，灌木或小乔木。原产欧洲。俗称洋丁香。著名的园艺品种。华北地区有栽培。

紫丁香，初绽

紫丁香，木樨科丁香属。俗称丁香、华北紫丁香、百结、情客、龙梢子。紫丁香的香，可不是一丁点儿。

诸葛菜，群落

诸葛菜，十字花科诸葛菜属。因农历二月开蓝紫色花，俗称二月蓝、二月兰。也有开白花的二月蓝。诸葛菜，相传因诸葛亮发现其可以充饥而得名。

车前草，花序

车前草，车前草科车前属植物。全球超过270种。中国约21种。俗称车轱辘草。分布极广，比传说还广。有马车停的地方车前草也会停在那里。据说车前草的药效之一就是马给"吃"出来的：治疗尿血症。

华北卫矛，树冠

华北卫矛，卫矛科卫矛属。大乔木，著名的园林树种。

华北卫矛，侧枝

华北卫矛的绿，才是华北春天的绿。春日枝叶秀美，秋季蒴果亮丽。

灯台树，枝叶

山茱萸科灯台树属。别称瑞木、女儿树。侧枝层层生长宛如灯台而得名。根、叶、皮可入药，有镇静、止痛之效。灯台树有个小表弟叫山茱萸。

灯台树，枝叶

春天如此明媚，是因为灯台树点亮的。要是窗外有一棵灯台树，你就不会寂寞。

构树，雄花枝

构树，桑科构属。乔木。别名褚桃、褚、谷桑、谷树。雌雄异株。《诗经》已有记载。栽培和药用历史悠久。韧皮纤维可造纸，实、根、皮可药用。

构树，新叶

春天里冒出来的新芽，《诗经》中长出来的老枝。

白蜡树，花枝

白蜡树，木樨科植物。大乔木。

白蜡树开花了

白蜡树古时称梣（chén）。原产中国。有至少2000年栽培历史。树龄可达400年以上。与水曲柳是亲戚。是白蜡虫的衣食父母。

第六章

谷雨

4.19—4.21

　　古语云："清明断雪，谷雨断霜。"谷雨时节，往往预示着气温回升和雨量渐多。暮春的京城，梨花雨下，海棠花落；牡丹盛开，紫藤挂穗。早开堇菜正在结果，紫花地丁风头正劲。采薇之际，枣枝萌芽，山楂如雪。春光催人，雨生百谷。仿佛雨的种子撒在大地上，人间光景，从此有了期盼。自然之书，渐入佳境。

谷雨的诗

谷雨 ☁

春天的这一天，就是很多人看见很多海棠
风和树叶不分彼此，仿佛一只猫在树杈上

分开贴梗和西府。橡子栗子其实分不开
南风的响声落在细雨中。春天的这一天

究竟是不是绿肥红瘦，李清照也早已忘记
傍晚下雪的梨花，不懂早上下雪的海棠

那么冷那么不近情理。仿佛春天的这一天
不过是门口的幌子。饮酒或朗读饮酒之诗

给了我们一个坏的心情，一个好的结果
有什么关系。美玉和木瓜有什么关系

不像春天的这一天，从日落西山到石头摇晃
没有人看见海棠花，才开开还是刚睡去

我想你在 ✎

我想你在
在我们在的所有地方在
在栏杆和明月同在的时候在

在芭蕉花开的窗口我想你在
在云朵提着雨水的黄昏我想你在
在茶园青青竹叶青青的风中我想你在

在我想你在的任何国度在
在梦境和喜鹊混淆的阳台上在
在一棵漆树下早春和早餐也一起在

在寂静的村子在身边在
在苔藓死去活来的大森林里在
在不经意的点地梅与四月和在一起在

在羊群经过的片片草叶上在
在雪白的石头写字的石头上在
在烂掉的书籍和骑缝的大门上在

什么不在了还在我想你在
什么还在却不在了我想你在
什么和什么在不在不管他我想你在

在我们在一起别问了萝藦飞着在
在万物数着分秒的此刻等着在
在满山梨花回望溪流的桥边我想你在

春风又绿春风

春风又绿春风，好像从去年过来的海棠
忘了是个什么花。节气不等任何人多好啊

喊着杜英的名字，红叶子悄然落了一地
湖边的青梅到了湖边的竹林，你都看见了

窗外对着窗外。寂静有时候喧嚣有时候
仿佛一个人听懂了好多人，好多人没听懂

你在就好。世界灌输一条河也等于灌输你
山上长满石头。石头开开了花也开开了

而不一样的情况才是情况。不一样的流水
苏轼不知道还有谁知道。雨的西湖太深

雨的钱塘太远。四月和五月是一片树叶
按照一片锦绣的模样，要什么自然给什么

枫杨

不是杨不是枫，显然是无中生有的事情
谁先说谁是对的。就像手足刀尺这一切啊

几千年合不上。有一万张嘴同时张开了
却无法说服为什么是东是西。为什么要给

黑夜一片星星，给白昼的只是无数的鸟儿
连接天空和屋顶。世界不给我们讲道理

湖水的影子是永远有的，哪怕湖水干涸
风在树叶里窝藏，而青萍在剧烈的摇晃中

看你嫁接的枝丫，以及亲生的西府海棠
当结果不一样的时候，也不能叫你站住脚

疑问和一块木头一样大小。如枫杨的叶子
几乎是槐树的翻版，在黄昏里在紫竹院

不是春天远去

不是春天远去，而是夏天到了一棵老槐树上
投下一棵小槐树的影子。四周空旷如废墟

不是房子倒了，而是寂静长出了新苗
别处的种子自然落在别处。不是风吹来的

云朵带着包袱和轮子，看你如何分享
道路两边的野燕麦，只管摇晃不论魏晋

只管生长不论早晚和天气。水边的石龙芮
开花开了小黄花。水边的水慢慢流到水中央

四月拖着尾腔的鸟鸣，像一声声暗语
无患子的上空接到了答应。世界那么小

树叶那么大。荒野和蚂蚁的奔跑在一起
离我们不远啊，石头的滚动和山谷也在一起

牡丹：花开时节动京城

牡丹，芍药科、芍药属植物。别名木芍药、鼠姑、鹿韭、白茸、洛阳花。原产黄河中下游地区。多年生落叶小灌木。已有2000年栽培历史。

先秦时期，无有牡丹之名。东汉早期，药用价值被发现，牡丹始兴，隋唐发达，延续至今。

明代李时珍《本草纲目》载："牡丹虽结籽而根上生苗，故谓牡（意谓可无性繁殖），其花红故谓丹。"

牡丹最初叫木芍药。牡丹和芍药，一个花早，一个花迟，一个木本，一个草本。如果只看花形花色，的确难以分辨。若在现场，就一目了然。牡丹花大而香，故又有"国色天香"之称，被誉为"花王"，但在植物分类上，牡丹却在芍药属下，怎么看都"不对"。

日本、法国和美国对丰富牡丹品种亦有贡献。全球约有550个牡丹栽培品种。花色以黄、绿、肉红、深红、银红为上品，尤以黄、绿为贵。

欧洲人最早认识芍药和牡丹是在中国织锦和陶瓷的图案上，实物是通过商船得到的，至今也就两百余年的历史。达尔文曾在自己的著作中推测牡丹的栽培史有一千四百多年。

历朝文人墨客歌之咏之不计其数，唐代达到峰值。"云想衣裳花想容"。李白《清平调》三章，就是借牡丹之荣华，颂玉环之美貌。唐代刘禹锡亦有诗云："庭前芍药妖无格，池上芙蕖净少情。唯有牡丹真国色，花开时节动京城。"一诗三美，也没谁了。

自古以来，唯有牡丹享尽了汉语的荣华富贵。

不管多么神奇，好花都是一样的。

并非时候到了才开花，而是花开了才是时候。

你若赞美牡丹，就只有一个词：牡丹。

赢得春天的是牡丹，打败春天的也是牡丹。

不要试图比较牡丹和琼花。

吴中莼羹，早在"泮水"中央

思乐泮水，薄采其茆

莼菜的"原产地"在《诗经》里。有
文有真相："思乐泮水，薄采其茆。"
（《鲁颂·泮水》）茆，即莼菜。曲阜的
泮水入泗水，是泗水的支流。泗水在九
州之一的徐州。鲁国主要地盘在黄河流
域，莼菜最早生在"泮水"之中。

这"江北"的莼菜着实让我迷惑不解
了很久。我原以为莼菜产自江南，后来我发
现，东北的黑龙江流域，至今仍有莼菜生长。彩云之
南，莼菜也生生不息。现在的江苏太湖，依旧是莼菜的主要产地之一。

吴中莼羹，旷古乡愁

《晋书·张翰传》记载："翰因见秋风起，乃思吴中菰菜、莼羹、
鲈鱼脍，曰：'人生贵适志，何能羁宦数千里以邀名爵乎？'遂命驾而
归。"

张翰思念起吴中风味菰菜（茭白）、莼羹、鲈鱼脍，于是写下了著名
的《思吴江歌》："秋风起兮木叶飞，吴江水兮鲈正肥。三千里兮家未归，
恨难禁兮仰天悲。"因了张翰的旷古乡愁，辞官而归，莼菜声名鹊起。

真是念念不忘，必有回响。唐宋以来的文人骚客，每每也要颂扬
"莼鲈之思"。乾隆南巡到了杭州，西湖莼菜就成了贡品。张翰因莼菜
而归，皇帝因张翰而来，莼菜在一归一来中身价倍增。

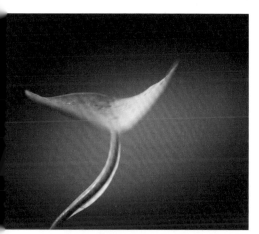

"思乐泮水，薄采其茆。"茆，即莼菜。
莼菜最早就生在齐鲁大地的"泮水"之中。

《本草纲目》记载："莼生南方湖泽中，惟吴越人喜食
之。…… 其茎紫色，大如箸，柔滑可美。"

因了张翰的旷古乡愁，莼菜声名鹊起。

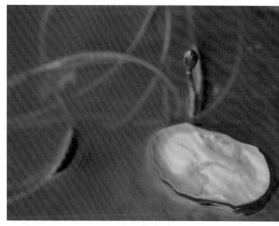

唐宋以来的文人骚客，每每也要颂扬"莼鲈之思"。

琼花三姐妹

琼花、天目琼花和欧洲琼花（欧洲雪球），可说是"琼花三姐妹"。她们皆为忍冬科荚蒾属，木本。三姐妹都是树上的花儿，有些高不可攀的样子，常常让人叫错了名字，分不清谁是谁。

琼花在扬州，雍容华贵，一尘不染，曾是隋炀帝的最爱。天目琼花是天目山的女儿，玲珑喜人，天南海北都是家。至于欧洲琼花，满树绣球，雪白雪白的，人送雅号"雪球花"，冰清玉洁，如冷艳之佳人。

琼花，初绽

琼花，忍冬科荚蒾属植物。别名聚八仙。原产中国。琼花之名可见于北宋至道二年（995年）扬州太守王禹偁所作《后土庙琼花》一诗。琼花雍容华贵，一尘不染。因民间传说隋炀帝爱琼花，"贪看江都第一春"，而名声远播。

欧洲雪球，盛开

春天里滚动的雪。

天目琼花，初绽

天目琼花，忍冬科荚蒾属植物。模式标本采自天目山区。天目山的女儿，玲珑喜人，天南海北都是家。天目琼花还有个名字：鸡树条。真是大煞风景。

欧洲雪球，花枝

欧洲雪球，忍冬科荚蒾属植物。别称欧洲琼花、欧洲荚蒾。落叶灌木，花期4月。花序球形，全部由不孕花组成。满树绣球，雪白雪白的，雅号"春雪"，玉洁冰清，如冷艳之佳人。

绣球，初绽

绣球，虎耳草科绣球属。别称八仙花、八仙绣球，与"琼花三姐妹"没有瓜葛，素无往来。可是，也总是被人当成了荚蒾。人家八仙花早已心有所属，况且在虎耳草家也挺美的。八仙花的花序有多种颜色，而木本的"绣球"们多是素白。

芭蕉绿了

芭蕉科芭蕉属。全球芭蕉属植物30种，原产中国约10种。果实浆果，三棱形。自汉代开始栽培，已有2000年历史。"蕉不落叶，一叶舒则一叶焦，故谓之蕉。俗谓：干物为巴，巴亦蕉意也。"（北宋，《埤雅》）"菊不落花，蕉不落叶，一叶生，一叶焦，故谓之芭蕉。"（明，《群芳谱》）白居易曾写"隔窗知夜雨，芭蕉先有声"，是为咏芭蕉之名句。芭蕉也因书法家怀素喜爱而得"绿天"之雅号。

樱桃，果枝

蔷薇科樱桃属。品种繁多，别称也是，如，莺桃、英桃、牛桃、含桃、玛瑙、朱乐桃、表桃、梅桃、崖蜜、车厘子等。樱桃分中国樱桃和美洲樱桃。中国樱桃栽培有1000年历史；美洲樱桃也叫车厘子，1871年由传教士引入烟台。樱桃是"春天第一果"。四月开始，由南而北，渐次下树，夏天也就到了。

山桃，果枝

陶渊明一定见过，在桃花源里。

萝藦，初生藤苗

萝藦科萝藦属。种类繁多。野生的，栽培的，都
有。萝藦在《诗经》里叫芄兰。就像芦苇是蒹葭一
样，"形象"顿时就变了。

早开堇菜有了结果

早开堇菜，看见的花，多是不结籽的，而结籽的花，是
看不见的。植物学上通常把这种繁殖方式叫"闭花受
粉"。受粉过程是在"地下"完成的。

荷包牡丹

荷包牡丹，罂粟科荷包牡丹属。别称荷包花、铃儿
草、兔儿牡丹、鱼儿牡丹。原产中国。花期与牡丹
同，叶似牡丹，故名。

黄刺玫

黄刺玫，蔷薇科蔷薇属。老枝细刺密布，花黄色，花形
与玫瑰相近。叫黄刺玫真是不冤枉。

救荒野豌豆，初花

救荒野豌豆，豆科野豌豆属。别称野豌豆、野菉豆、箭舌野豌豆、山扁豆、雀雀豆、野毛豆。《诗经》有《采薇》一诗。古人称"薇"。民间称大巢菜，是味道鲜美的野菜。

豌豆

豌豆，豆科豌豆属。俗称荷兰豆。京城有一种有名的小吃叫"豌豆黄"，就是以此为原料做成的。

救荒野豌豆，幼果

《史记·伯夷列传》，说的是伯夷、叔齐隐居山野，采薇过活的故事："武王已平殷乱，天下宗周，而伯夷、叔齐耻之，义不食周粟，隐于首阳山，采薇而食之。"由此证明，救荒野豌豆作为野菜被认识已有两千多年的历史，也因伯夷、叔齐成为隐士和义士之象征而闻名遐迩。看来要想隐居山林，对野菜野菽，有些起码的了解还是必要的。时下正在兴起"说走就走"的旅行，万一迷路了，没吃没喝的，遇见野豌豆之类的野菜也可以暂时充饥。

大花野豌豆，初花

大花野豌豆，豆科野豌豆属。也叫三齿萼野豌豆，是豌豆家的远亲不用多说。早春的野菜。

山楂，花序特写
山楂，蔷薇科山楂属，小乔木。

木香，初花
木香，蔷薇科木香属。小灌木，花香浓郁，花期短暂。

紫藤
紫藤，豆科紫藤属。原产中国。别称藤萝、朱藤、招豆藤。唐宋以来，紫藤花是诗画中的美人，美人中的诗画。文人墨客，念念不忘。不仅是良药，而且是美食。

雪柳，花枝
雪柳，木樨科雪柳属。别称五谷树、挂梁青。传说古人根据当年雪柳花开多寡来预卜五谷之收成，因此每年雪柳开花都引起我的注意。

流苏树，盛花期

流苏树，木樨科流苏树属。小乔木。原产中国。雌雄异株。江南地区有叫四月雪、如蜜花。花香如蜜，流苏满枝；阳春白雪，名如其树。在北京，流苏树盛花在5月初。

枣树，萌芽

枣树，鼠李科植物。原产中国。枣树发芽，也就到了种棉花的季节。《诗经》有"八月剥枣，十月获稻"的记载。民间有"铁杆庄稼""木本粮食"之说。

泡桐，花枝

泡桐，玄参科泡桐属。晚春也许不晚。抬头，满树的桐花开满城。再抬头，紫色的云朵吹着风。

银杏，雄花枝

银杏科银杏属。俗称白果、公孙树。原产中国。一科一属一种，在植物大家族中属于独门独户，略显孤单，素有"植物化石"之名。世界著名的园林观赏树种，雌雄异株。凡是枝上见"花"者，就是不结果的公树。而母树花开很快就是幼果，很难发现。

元宝枫，初花

元宝枫，槭树科槭树属。俗称元宝树、华北五角槭、色树。因翅果形似元宝而得名。细雨之中，花也鹅黄，京城春色，可见一斑。

刺槐，初花

刺槐，豆科刺槐属。原产南美。20世纪初引入中国。有白花刺槐、红花刺槐两种。初花可食，味道可口。

枫杨，枝叶与果序

枫杨胡桃科枫杨属。大乔木。原产中国。既非枫亦非杨。枫杨属有9种，中国8种。晚近在枝江发现的一种定名为"枝江枫杨"，是枫杨的自然变异种，乃全球独苗。枫杨在各地有好多俗称，如麻柳树、水麻柳、臭杨柳、平柳、燕子柳等。《孟子》中称作杞柳，《本草纲目》中称作枫柳。可做嫁接核桃的砧木。寿命可达500年以上。

榆树，果枝

榆树的翅果，也叫榆钱儿。

臭椿，新叶

臭椿，苦木科臭椿属。落叶乔木。原产中国。古名樗，俗称椿树。因叶基部有腺点发散怪味而得名。

第七章

立　夏

5.5—5.7

　　立夏时节，蝼蝈已经在田野里叫了。叫什么呢，叫蚯蚓赶紧出来晒晒太阳，叫王瓜的藤蔓长得再快一些。"天地始交，万物并秀。"大江南北，忙着播种。草木充盈，忙着开花。地黄满地一枝独秀，芍药不与蔷薇争艳。河山如此辽远，夏日如此盛大。

立夏

杏花也解放了。这来自夏天的进攻
总算有了结果。无比期待的日子里

突兀的风寒，燕子和金色的柳树飘摇
还有你，芭蕉绿樱桃红就当一件事

一件事生出很多事来。除了迎接它们
你不可以做别的。春天不断的光景

在桥上依旧不断。怀着自家的胎儿
万物又谦虚又谨慎。只有人类夜夜想

捷径怎么走。金光大道好像太阳出来
就是一条乔木的天空飞的是羽毛

不飞的才是水杉。这五月的新起点
又生动又明澈，比水深也比青草更浅

夏天开始了 ∽

夏天开始了。草莓长大银杏看不见
你在那里苏醒，叫他们不要那么着急

叫他们在对岸等候节气。等麦子的光芒
对照汉语的天空。等樱桃的红在枝头

渴望唇齿。拔除泥土的春笋干干净净
笋衣解脱也干干净净。你在那里等

云朵呼叫云朵，来一场大雨还是不够
小满的桃子不小了，小满的池塘满满的

而太阳的影子那么短。山上栗树摇晃
山下喜鹊报喜。等我的人一个春天过去

火焰同样无法阻止。紫花地丁叮当响
风铃在风中那么安静，好像不再是风铃

寂静是七颗星

这里没有夜晚。好像寂静是七颗星
七颗星抱成一团也好。大地和小麦

接近向上的锋芒。你需要正午的睡眠
和一个放心的篮子。桃子继续摇晃

在累的末梢，树叶吹着曲子好像有什么
好像没有。无怨无咎的功课无须签字

你是唯一的读者。火焰抱走秸秆
烟雾告诉时间。这里没有剩下的果壳

水和熟食不会争吵。盐的滚动少了半拍
草木吞没羔羊，你在旁边清点万物

曾经用过的名字一声不响。好像这里
蝴蝶的慢板，在河流的拐弯处悠悠升起

酢浆草

青花盆里有一小块荒野
守护着我卑微的灵魂

你会听到黑暗里的噼啪声
酢浆草那动心的三片叶子

开花就开金色的花
当我念想起最初的时日

四片叶子的三叶草
藏匿在不那么深的泥土里

一群生命在寂静中跳出
它们要去比风更远的地方

遗忘的种子比众神更久远
心心念念也是，无有回响也是

马褂木

马褂木大片的叶子，盖住了花朵
郁金香停在树上打开了天空

如一个明亮的吻。不松开
不呼吸。只是吸，拼命一样吸

纯粹的氧，带来生命的欢愉
不呼，最后只是一声呼叫

你甚至听见了没有过来的风声
那风声好像还在遥远的路上

我就在这里看到，树叶在动
而树叶动不动，风声没有透露

地上的郁金香都谢了。早上
马褂木旌旗摇曳就像一棵马褂木

风吹马褂，一树花开

马褂木，木兰科鹅掌楸属。英文名称是Chinese Tulip Tree，直译就是"中国的郁金香树"。

马褂木本属原有两种，即中国马褂木、北美马褂木。南京林业大学教授叶培忠于1963年以中国马褂木与北美马褂木杂交成功，诞生了一个园艺种：杂交马褂木。

马褂木树形俊美、高大、飘逸，叶子神似马褂。立夏以后开花，形如郁金香。霜降前后"绿马褂"变色为"黄马褂"，惹人喜爱。

马褂木的花常常掩藏在浓密的枝叶间，若不仔细寻觅是看不见的。我拍摄的时候，经常引起过路者的好奇：你在拍鸟吗？

风吹马褂木，花开的是"郁金香"，响亮的是"黄马褂"。一棵树就是一道风景线，一片叶子就是一幅招贴画。

还有一些人如我，喊她树上的郁金香。
要是她听见了会怪罪：这不是掠人之美吗？

马褂木开花就是开花了。到了时候。

即便很多人在树下来回走，谈论着春天
和世界，也不一定看得见马褂木开花了。

她什么时候在意过有人看还是没人看呢？

马褂木春天有春衫，秋天有金色的马褂，
冬天，则消失在树林里和任何一棵树都一样。

我的"抱娘蒿"

"菁菁者莪，在彼中阿。既见君子，乐且有仪。"《诗经·小雅·菁菁者莪》诗中有"菁菁者莪"，莪，即抱娘蒿。

抱娘蒿也叫莪蒿、麦蒿、萝蒿、米蒿。著名的野菜之一，口感略甜，种子可以榨油。

立夏之后，田垄里的抱娘蒿开始结果，纤纤豆荚细如火柴，其中果实更是小如米粒。

明代杰出的散曲家、诗人和画家王西楼作过有诗有画有真相的《野菜谱》，收野菜52种，其中就有抱襄（娘）蒿——"抱襄蒿，结根牢，解不散，如漆胶。君不见昨朝儿卖客船上，儿抱娘哭不肯放。"

李时珍在《本草纲目》中说："莪抱根丛生，俗谓之抱娘蒿。"寥寥数语，即清晰明辨。

中国植物志定名为"播娘蒿"，好像世上没有《本草纲目》似的。本来抱娘蒿这个名字，特别中国，特别美，而且有来龙有去脉。

再往远处说，诗经里也有《菁菁者莪》一诗，指的就是抱娘蒿。如果叫"青莪"，也比播娘蒿更有来历更有文化。

我无法掩饰对抱娘蒿这个名字由衷的偏爱。播娘蒿可以继续在植物志里约定俗成，而我也可以继续喊我的"抱娘蒿"、我的"菁莪"。

雨后的抱娘蒿，开着花，结着果。

抱娘蒿和荠菜在一起就对了：她们是特别亲的亲戚啊！

酢浆草，幸运草

酢(cù)浆草，酢浆草科植物。酢浆草之外，还有紫叶酢浆草、红花酢浆草、白花酢浆草。俗称三叶草、酸味草、鸠酸、酸醋酱、幸运草。

三叶草名字的来由一望便知。麻烦在于，好多花草叫"三叶草"，非亲非故的，就用了一个名字，顺嘴叫了。张家李家的大名，反倒给遮掩了。有一种岭南的水果叫杨桃，是酢浆草的同门兄弟。一草，一木，怎么看都挨不上似的。

酢浆草的叶片由三枚倒心形小叶组成。在基因突变的情形下，有时变成四小叶。概率是"万一"，就是说，约在一万株酢浆草里，有一株是"四叶草"。而四叶的酢浆草，在西方人那里，叫幸运草。是啊，一万株里有一株被你遇见，的确有些不容易。我拍了十多年野生植物，也只遇到过两次。

酢浆草的果实成熟时会自动炸裂，顺势把种子播撒到很远的地方。初夏翠绿，晚秋如碧；细弱不弱，生生不息。

酢浆草的叶子，心思那
么多，有时候就是变成
了"四叶草"。

酢浆草也可以直立而
生。而我们看到更多的
是"爬行"的酢浆草。

夏至草开花了

夏至草，唇形科夏至草属。

最后的芍药

芍药，毛茛科芍药属。芍药，几乎是汉代的"玫瑰"。
"赠之以芍药"，这一赠，就在《诗经》里活了两千多年。

蔷薇，盛花

蔷薇，蔷薇科蔷薇属，小灌木。是蔷薇科的"科长"。
蔷薇属植物全球约有200种；中国约80种，栽培历
史有2000年。蔷薇属植物花香宜人，许多种不仅
可供提炼珍贵芳香油之用，也是重要的药材，常用
品种为突厥蔷薇、玫瑰花、山刺玫、野蔷薇等。

猬实，如花的果枝

猬实，忍冬科猬实属。幼果依旧如花。

缫丝花,花枝
缫丝花,蔷薇科蔷薇属。灌木。半重瓣。野生。

缫丝花,落花
缫丝花,花期5—7月。

地黄,花
地黄,玄参科地黄属。

地黄,花
地黄长在墙头上依旧是地黄。地黄生在石缝里还是
地黄。收大地之精华,养人类之精气。根为良药,
有生地熟地之分。有病医病,无病强身。

黄鹌菜，初开
黄鹌菜，菊科黄鹌菜属。
地道的野菜。口感极好。

紫露草
鸭跖草科紫露草属，原产美洲热带。引种为园
艺植物。在海南常见逸为野生。与常见的野生
植物鸭跖草算是远亲。常见的紫露草还有白花
紫露草、红花紫露草。花期极短，仅有24小
时。本科植物很多被培植为园林观赏植物。

竹林里的玉竹
玉竹，百合科黄精属。别称萎、尾参、铃铛菜。著名药草。玉竹碰巧生在竹林里，真可谓适得
其所。

独行菜

十字花科独行菜属。生命力顽强。幼苗和荠菜
很难区分。辣味浓烈的野菜。

我喜欢这小小野草的名字。常常叫我想起那句
话："虽千万人，吾往矣。"

白茅，花序

白茅，禾本科白茅属，多年生草本植物。俗称
茅根、茅针、谷荻。其根良药，凉血止血。李
时珍认为：茅有数种，夏花者为茅，秋花者为
菅，二物功用相近，而名谓不同。李时珍的分
类是我喜欢的。

七叶树，盛花

七叶树，七叶树科七叶树属。大乔木。七叶树
的花序如白色宝塔。

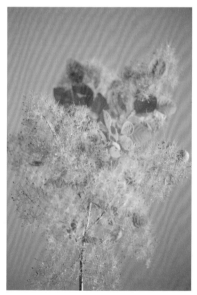

黄栌，花枝

黄栌，漆树科黄栌属，小乔木。花开如烟雾。
北京古有"蓟门烟树"一景，据说就是因为黄
栌花开如生烟缕缕而得名。

车梁木，花枝特写

车梁木，山茱萸科梾木属，大乔木。

石榴，花枝

石榴，石榴科石榴属。"石榴裙"就是从石榴的花枝上裁剪而来的。

蜡梅，果枝

蜡梅，蜡梅科蜡梅属。灌木或小乔木。蜡梅属植物有三种，蜡梅、山蜡梅、柳叶蜡梅，均原产中国。蜡梅花常见，色彩明黄，花有暗香。小花瓶一样的果实也常见，但人们常常不知其为何物。

车梁木，盛花

满树的白花绿叶，清清爽爽。种子可榨油。木材坚硬，花纹细腻，可做家具、农具。与山茱萸、灯台树是远亲。花序近似灯台树。

华山松，雄花

风吹华山，华山松才有结果。

华山松，雌花

华山松，果实

华山松，松科华山松属常绿大乔木。树形优美。木材坚
实。华山松，虽说跟常见的油松"家族相似"，但区别
还是明显的。华山松树皮浅灰而且光滑，松针五针一
束。油松树皮褐色，粗糙，脱落，两针一束。

白皮松，雄花

—— 第八章 ——

小　满

5.20—5.22

小满小满，小满的小，小满的满。小麦长大了，还是小麦。大麦长成了，未见其大。虽说万物不是为人类准备的，但若无人与之共生，万物也非万物了。苦菜花开，葶苈已枯，麦熟将至。小满就像一个乡村少年，望着无边无际的麦浪，充满了懵懂也充满了期待。

小满的诗

小满

麦子的锋芒已经足够，太阳在树顶也足够
穿过大地的籽粒。圆满的都是你的世界

那小满的给我。红李树夏日的影子在打扫
先前的落叶。枇杷在枝头仿佛说谁摘走

是谁的，因为结果等了那么久都忘了结果
半仙草和南天星分不开。石斛和兰花

就算清清楚楚也一样分不开。博物学家
都弄错了。只有满山遍野的芟楚和悬钩子

是对的。我要查的资料在最原始的深谷
她们不同的蕊不同的叶子，给你如数家珍

苦楝紫色的花和天空一样蓝，绿的云朵
在树上轻摇，像你的一阵雨声还没有下来

不说了 ☁

天空不说了。还有无患子纷纷的落花
那落花不说了。还有疯狂的蚯蚓

蚯蚓不说了。还有冒出新芽的种子
隐去满嘴的泥土仿佛羽毛在呼吸不说了

还有一片起伏的苔藓，栗树林中的光
从早上斜着进来，不说了不说了

还有一匹马吃着青草。还有一片青草
吞没荒野和正午难以自拔，不说了

还有你的书房，窗门敞开大雨号啕
不说了。还有爱你的人我行我素不说了

还有一条溪水哗哗流淌，远处的雷
滚动在麦田上空，什么也听不清不说了

我要你是安宁的 🌀

我要你是安宁的。就在旁边的大海
拍过乱石之后，我要你是安宁的

如安宁本来的样子。果实发芽
秋天藏身的清泉，流向长远的水渠

落叶避开一些人，等他们过去
落叶才肯落下。我要你是安宁的

灵与肉之间，只有爱没有羁绊
守护者的灯盏，那么久那么透彻

在满满的星斗里天空一片疏朗
蟋蟀叫着蟋蟀，不知道藏在何处

词语面对最近的事物，一阵轰鸣
我要你是安宁的。忘记的旧书

露出当地的风景和破绽。莳萝花
遮盖最初的影子，我要你是安宁的

风起于萝藦之巅

风起于萝藦之巅，而你顿时泪如雨下
运走种子的河流也运来锦鲤和乌鸦

这无关诗人的正午，荒草收集鸟蛋
杏子等候农妇。豌豆的叶子那么透亮

却不在豌豆苗上。我想起另一个夏天
山莴苣冗长的黄昏令人不解，仿佛

在鹌鹑奔跑中，大麦的锋芒已经消亡
不懂珍惜的人啊死于春晓依旧不懂

藤蔓在盘旋。石头混乱如一场交谈
掩盖了车前和抱娘蒿。荠菜花开过去了

天空飞舞的马蹄铁震动了耕地和葡萄架
沉默者继续沉默，悲伤的人独自回来

青梅 ~

雨从一棵树到一棵树落下
经过大地的庄稼，河流
经过时间的冲刷那么缓慢

那么远，一棵树到一棵树
仿佛隔了河山，河山隔了大海
你和我终于找到了我和你

一棵树到一棵树，有了结果
然后开花。悠悠的小女儿
在萝藦和蒹葭的西溪上

天天如此。天天可以是青梅
可以是雨的叶子落在雨里
在一棵树不到一棵树的时候

青梅青青

梅，蔷薇科李属植物。原产中国，有3000年以上的栽培历史。原本山野密林之花果，后来皇家私家之嘉木。

最早的园林栽培始于汉代的上林苑。最初梅果用来调味和祭祀。后来有了食用梅和观赏梅的分化、演变。

诗经播下的梅花种子，在中国文化精神中生生不息硕果累累。

《诗经·国风·召南·摽有梅》
摽有梅，其实七兮。求我庶士，迨其吉兮。
摽有梅，其实三兮。求我庶士，迨其今兮。
摽有梅，顷筐塈之。求我庶士，迨其谓之。

梅子熟透了，树上那么多。求我的人啊，莫要错过良辰。
梅子熟透了，树上很少了。求我的人啊，今儿是好日子。
梅子熟透了，箩筐满满的。求我的人啊，赶紧的告诉我。

梅有三个种系：真梅系、杏梅系、樱李梅系。其中，杏梅系和樱李梅系为杂交品种，而真梅系由原种梅花繁育得来。真梅系大品种有三十多个，下属小品种有三百多个。这里的"青梅"，无疑是真梅系的梅树果实。地点在杭州灵峰。

满枝的青梅满树的阳光。你还等什么呢？还有什么在等你呢？

青梅青青如今看见你，
你也曾看见你的青梅。

世界在阴影里看我们怎么看她，
在漫长的梅雨中夏天快熟透了。

心里有，世界才有。
心里没有，还有什么？

石龙芮：董荼如饴

石龙芮，毛茛科植物。野生。与罂粟、花毛茛、荷包牡丹是亲戚。广布黄河、长江流域。初夏开花。

石龙芮常常在河边浅水中生长。在未开花前，不识者常凭感觉认为是水芹。全草含原白头翁素，有毒。药用能消结核、治痈肿、疮毒、蛇毒和风寒湿痹。

《本草纲目》载："石龙芮，乃平补之药，古方多用之，其功与枸杞、覆盆子相埒，而世人不知用。"

在《诗经》里，"董"据认为就是石龙芮。

周原膴膴，董荼如饴。
爰始爰谋，爰契我龟。
曰止曰时，筑室于兹。

周王的田野如此肥沃，
董菜苦菜也那么甘甜。

现在开始谋划，用卜辞刻
画龟甲。

终于找到了好地方，就在这里
建造居所。

从诗经植物地理角度看，大雅的"緜"，歌颂的是周王族拥有的肥沃的渭河平原。土地丰美到连水董、苦菜跟麦芽糖一样甜的地步。

石龙芮，初花

可以治病救人的，往
往是那些有毒的草。

石龙芮，果枝

药，就在我们身上心上。

泥胡菜，种子

只要是种子，再轻盈也是饱满的。

泥胡菜，种子

风吹走了风，多么安静的一刻。

泥胡菜，种子

泥胡菜心存高远，不在意你怎么想怎么看。

泥胡菜，种子飞出之后

亮晶的种子都飞走了，当初给泥胡菜起名字的人，一定也是迷糊了！

早园竹,花序

早园竹,禾本科。竹子开花,古已有之。《山海经》载:"竹六十年一易根,而根必生花,生花必结实,结实必枯死,实落又复生。"《晋书》载:"晋惠帝元康二年,草、竹皆结子如麦,又二年春巴西群竹生花。"

竹子开花周期为10到120年,种类不同,或有早晚。开花后会枯死,原因有二。有时因为天气恶劣如干旱导致开花,先民以此判断灾荒要来,及早逃避。有时因为开花周期到了,开花结果,繁衍后代。竹子的种子叫"竹米"。

竹子也是一次性开花植物。和水稻、小麦一样(禾本科),开花了,结种了,收割了,造福了。竹子开一次花周期比较漫长,而且难得一见罢了。由于竹子开花常在灾荒之年,久而久之,留下了"竹子开花乃不祥之兆"的传说。

风吹竹响,开花是自然的,不开花才不自然呢。

竹子开花要等很久很久,就跟童话的开头似的。

金叶接骨木

忍冬科接骨木属，灌木。叶、花、果俱佳。

小麦

小麦，禾本科小麦属。一年生草本。中国已有3000年以上栽培历史。五谷之一。《诗经·周颂·清庙之什》载："贻我来牟"。"来牟"亦作"麳麰"。来，即小麦。牟，即大麦。周代以后，黄河中下游地区最早普遍种植小麦。明代以后，遍及全国。

大麦

禾本科大麦属，一年生草本。春播夏收。在古籍《本草经集注》《广雅》《本草纲目》《医林纂要》已有记载。根据考古发现，中国有4000年以上栽培历史。青藏高原栽培的青稞，就是大麦的变种。大麦可制麦芽糖、啤酒和饲料，也是重要的食品原料。

地黄，果实

如果种子需要的是泥土，那么泥土需要的是什么呢？

马铃薯，花枝

马铃薯也要开花！就像辣椒、烟草一样开花。没有哥伦布，欧洲就没有马铃薯。没有马铃薯是一件麻烦的事情。马铃薯跑了很远的路，甚至比哥伦布跑得更远呢。

马铃薯，果实

马铃薯，茄科茄属。别称土豆、洋芋、阳芋、山药蛋、山药豆。原产南美。被西班牙殖民者引入欧洲，最初作为观赏植物栽培。

马铃薯还要结果！就像西红柿、龙葵一样结果。马铃薯的果实很像小西红柿，只是很少见，而且不会像西红柿一样成熟后变红。西红柿也是茄科植物大家族的一员。马铃薯的果实含龙葵碱，不可食用，发芽、变青的马铃薯也是因为龙葵碱而不可食用。

紫荆，荚果

紫荆，豆科紫荆属。

元宝枫，翅果

元宝枫，槭树科槭树属。

杂交马褂木，幼果

纺锤形的聚合果长6~8厘米，直径1.5~2厘米。成熟后浅褐色，开裂如伞。

红栌

红栌，漆树科黄栌属。小乔木。黄栌的变种。枝条顶端的絮状花序远观如烟，所以也叫"烟树"。

油松，雌花

油松，果实

紫丁香，幼果

大麻

大麻，大麻科大麻属。六谷之一。中国栽培历史悠久。有雌雄之分。雄株叫枲，雌株叫苴。

大麻有两个亚种，一是大麻（ssp. *sativa*），生产纤维和油，如中国通常栽培的大麻（火麻）。另一种大麻（ssp. *indica* [Lamarck] Small et Cronquist），植株较小，分枝多，是生产"大麻烟"违禁品的植物，大多数国家禁止栽培。

萹蓄

萹蓄，蓼科蓼属。蓼科蓼属一年生草本植物。俗称萹竹。原产中国。有毒草药，利尿打蛔，也治黄疸、霍乱。《诗经》卫风有诗："瞻彼淇奥，绿竹猗猗。""绿"指荩草，而"竹"即萹蓄。

刺儿菜，花序

刺儿菜，菊科刺儿菜属。别名小蓟、刺菜、曲曲菜、青青菜、荠荠菜、刺角菜、白鸡角刺、小牛扎口、野红花。这么多俗称，可见其分布之广。

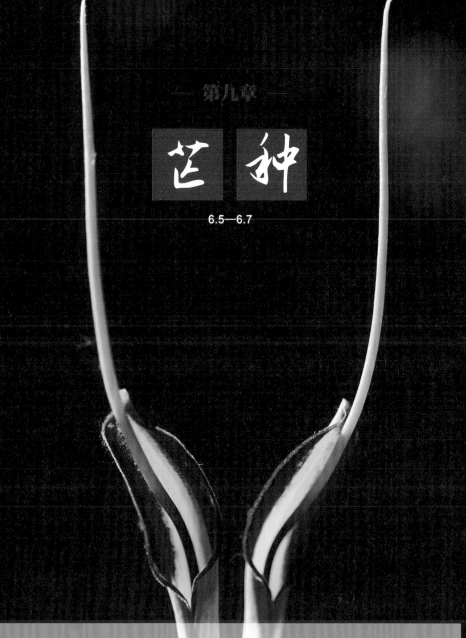

第九章

芒种

6.5—6.7

芒种时节，农事繁忙。《月令七十二侯集解》："五月节,谓有芒之种谷可稼种矣。"芒种的芒，是说麦类等有芒植物的收获。芒种的种，是说谷黍类作物播种的节令。芒种也谐音"忙种"。芒种也就是忙着种了。草木有的忙着开花，有的忙着结果。万事万物，自有头绪。万事万物，总有先后。但愿此时，人可以忙里有安歇，心头有自在。忙而不乱，事事有成。

芒种的诗

芒种 🌀

一样开花一样结果，比一棵树也不少什么
可是人的世界，开花不一样结果都一样

身边的杂草，在我们的忽略中顽强生长
仿佛不为证明什么。荒野的力量无法扑灭

麦子结束，六月开始之后的天空还是空的
杏子在树上，谁来或者谁不来毫无瓜葛

荠菜踪影全无。就像去年的蜀葵等在那里
不在乎朝代往复，甚至不在乎春夏更替

芒种和农业已经根深蒂固。遵照历法行事
鸟纷纷落地。不看星辰但星辰依旧照耀

漆黑一团的地方。扎根的狼尾草拔高了
水杉的枝梢，尽管一样开花没有一样结果

半夏之夏

是的，风声也可以喂养远近的核桃林
河流通过汛期，一匹马淹没了整个荒野

就像梯子漏下的影子，被太阳敲打
你听见早上飞来的喜鹊，在水杉上叫

叫孩子们上学，叫那些叫不醒的沉睡者
继续黑夜的工作，仿佛石头独自镌刻

没有出处的文字开始呼吸。半夏之夏
承接露水同样承接谬误，如果你曾起身

寂静的窗户看透了寂静，火焰不容置疑
你梦中突然的铁匠叮当响着仿佛告诫

在不早不晚的地方出现。躲不开的哈欠
落入梅雨的缝隙，当树木日渐饱满的时候

树叶响亮 〰

树叶响亮却看不见灰烬。你看见盲目的人
在盲目的街上奔走。当他们停下的时候

蓝是早上的云，只有一层那么高那么薄
屋檐躲在树丛里烧，梦魇在荒野中烧

黑有了线索。万物当着世人的面有了指引
抓住的把手像鸟一样飞了。没有痕迹

没有刻画。一小片早上的云那么蓝那么高
顾不上我的吃。就像屋檐上长高的艾草

那么的简单。夏天的棍子转起来
一转就是一夏天。猫和肆无忌惮是天生的

事实不说话。事实没有嘴，有也插满了
花枝和谷穗。彼此照料我们继续睡继续睡

艾

想起几个词语的起源。却忘了四季奔流
榉树的根芽也许来自榆木疙瘩。树叶

和树叶不用比较。花儿和花儿比较混乱
春天的起草者，只在荒野中藏匿种子

鹿角和大风贯穿雨的森林，雨的插入
而那些丢下时间的人，像登记造册一样

被乌鸦和燕子的头脑识破，毫无悬念
亮起来的窗子，也可以听到隆重的鼓声

仿佛一条大河的末端，生出水车和乱石
夏天的大小包裹已经托付。蚊虫的血

迟早是每年的馈赠。艾蒿的香那么久
那么飘飘然，本不是我要告诉你的事情

栀子栀子 ᨆ

茜的姐妹们在夏日里那么白
好似个个顶着冰雪的花朵
却透着冰雪没有的一阵阵清香

在悠悠的风中，悠悠的小女儿
看着早晨的雨盛满黄昏的碗
枝头的栀子也是书里安静的栀子

小乔还在梦的手心里
出不去回不来，就像放晴的云
互相拉扯直到海边，近了天边

初心和明月，小乔和悠悠
她们在一起是没有长大的姐妹
敲打着窗子仿佛窗子喘不过气来

半夏：一样和不一样

半夏，天南星科半夏属。俗称三叶头草、三步跳、三开花、麻芋果、无心菜、三步魂、野芋头、小天老星。最早知道半夏，是因为鲁迅先生的《半夏小集》。半夏是药且毒，有镇静、止咳之功效。

在一次"自然之友"的活动中，有学员问我："为什么半夏的花会是这样子？"这让我感到羞愧。天南星科很多植物的花，都是佛焰包型。要是用遗传、进化之类的道理来解释，也太简单了。不管结论如何，皆是人类的猜测。

其实，事物并没有这样子、那样子的"问题"。事物表面的"不一样"，恰恰是为了表明自然万物的"一样"。在造物主那里，一切都是自然而然的。"不一样"是人在区分，"一样"是上帝在沉默。

人把世界分成了不一样的世界。人、小鸟和大象真的有什么不一样吗？当我去想这个问题的时候，"问题"就消失了：如果三者有什么区别的话，那也是人给盘算出来的。若是分别让它们自己来判断，肯定有三种答案。哪一个答案更准确，评判者不能在三者中选出。

要是蚂蚁来制定植物分类的标准，恐怕只有两种，能吃的，不能吃的。这样一来，植物分类学也就无须耗费人类的智慧了。也许植物最厌烦的就是分类学家，所以它们极力掩藏自身的遗传特性，为的是把植物学家们一个个送到图书馆和实验室。

半夏，花序

在古人那里，半夏也叫地文、守田、和姑，自然而诗意。

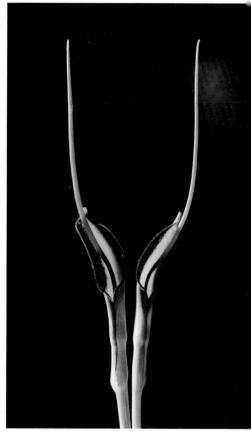

半夏，花序柄与佛焰苞

半夏开花了。天南星科的很多植物的花，都是佛焰包型。在造物主那里，一切都是自然而然的。

萱草忘忧

"杜康能散闷，萱草解忘忧"，白居易《酬梦得比萱草见赠》之句。

萱草，百合科萱草属。《诗经》称谖，《救荒本草》叫它川草花，《古今注》称之为"丹棘"，《说文》记载为忘忧草，《本草纲目》名之为疗愁。在我国已有2500年以上的栽培历史。萱草的英名day lily是"一日百合"的意思，道出了萱草花期只有短短一天的特点。

《诗经·卫风·伯兮》云："焉得谖草，言树之背？"朱熹注曰："谖草，令人忘忧；背，北堂也。"后人因"谖"和"萱"同音，便称萱草为忘忧草。人说谖草忘忧，可是能去哪里找寻让我忘忧的谖草呢？！

唐代孟郊《游子诗》："萱草生堂阶，游子行天涯。慈母倚堂门，不见萱草花。"元代王冕有诗云："灿灿萱草花，罗生北堂下。"北堂指母亲住的北房，北堂亦作萱堂，古人以萱堂为母亲的代称。

宋代范成大《吴郡志》载有麝香萱草。明代王世懋《学圃杂疏》中说，有一种萱草，小而绝黄者，呼为金台。

王象晋《群芳谱》提到，萱草按花期分有春花、夏花、秋花、冬花之别；按花的性状分有黄、白、红、紫、麝香、座叶、单叶数种。

1800年前，西晋嵇含所著《南方草木状》称：萱草花"有红、黄、紫三种"，证实萱草当时已有多种花色。

李时珍在《本草纲目》中具体介绍了萱草忘忧的药用功能，萱草性凉味甘，可入药，有利水凉血、清热解毒、止渴生津、开胸宽膈，令人心平气和的功效，可帮助病人解除病痛，消除忧愁。

萱草属植物原种约20种，中国约占70%。其中唯有黄花菜一种可以食用。其他世界各地所见园艺品种，多数有毒，切勿随意采摘食用。

要是花时间在山野里看，所有的草都是"忘忧草"。

正午开花的萱草。

灿灿萱草花，罗生北堂下。

"一日百合"，莫非也是为了忘忧要来得更快一些吗？

《本草纲目》云："萱草性凉味甘，可入药。"

萱草的花蕾。

黄花菜，百合科萱草属。萱草中只有此种可以食用。

合欢，花序

合欢，豆科合欢属，古人称青裳、夜合、合昏。俗称绒花树、马缨花。大乔木。其羽状复叶夜合昼开，故名。嫩叶可食。合欢皮可制药，具有解郁安神之功效。五代后唐时人马缟《中华古今注》载："欲蠲人愤，赠之以青裳。青裳，合欢也。"

蒙椴，盛花

蒙椴，椴树科椴树属。别称小叶椴、米椴、白皮椴。大乔木。

栾树，初花

栾树，无患子科栾属。大乔木。

栀子花

栀子，茜草科栀子属植物。俗称水横枝、枝子花、越桃、白蟾、玉荷。

黄刺玫，果枝

黄刺玫，蔷薇科黄刺玫属。灌木。

榆叶梅，成熟的果实

榆叶梅，蔷薇科桃属。小乔木。叶似榆，果如梅，故名。果实比青梅小，味道近似青梅。

杏树，果枝

杏，蔷薇科杏属。果实。

风吹杏花，都结果了。墙里落墙外，墙外落墙里。

茑萝，初生苗

茑萝，旋花科茑萝属。一年生缠绕草本。也称五角星花、茑萝松、羽叶茑萝。原产热带美洲。幼苗。

千屈菜，初花

千屈菜，千屈菜科千屈菜属。也称水枝锦、水柳。适于浅水生长。全草入药，可治肠炎、痢疾。千屈菜不屈不挠，是荒年里的救星。

葎草，藤与叶

葎草，桑科葎草属。缠绕草本。俗称拉拉秧，茎上多毛刺。如果你见过啤酒花，拉拉秧是谁差不多你就知道了。如果你不认识啤酒花，有什么关系呢？

酢浆草，果枝

酢浆草，酢浆草科酢浆草属。酢浆草自播能力极强，果实成熟后，种子会在尖端处裂开并翻卷，稍一触碰，就会以反弹形式斜抛出去。

马鞭草

马鞭草，马鞭草科马鞭草属。一年生草本。花开如马鞭，故名。《本草纲目》称之为风颈草。马鞭草与常见的柳叶马鞭草是亲戚。而柳叶马鞭草常常假装薰衣草忽悠游客。很多所谓薰衣草花园，引种的都是柳叶马鞭草。

龙舌兰，花序

龙舌兰，石蒜科龙舌兰属。俗称番麻、龙舌掌。原产美洲热带。圆锥状花序高达12米。在云南常见逸为野生。可造纸、纺布、食用。是龙舌兰酒的重要原料。

诸葛菜，果枝

北京地区，农历二月诸葛菜开蓝紫色的花，所以民间也叫二月兰、二月蓝。这一株二月蓝是2007年芒种节拍的。阳光恰好擦着花瓣射下来。背景是椿树的树干，它在阴影里正好衬出二月蓝的蓝。

野燕麦，果序

野燕麦，禾本科燕麦属植物。俗称铃铛麦。牧草。药草。广布世界温带地区。

蓖麻，果序

蓖麻，大戟科蓖麻属植物。有毒植物。可能经印度传入中国。蓖麻在中国有1300年的栽培和利用的历史。《唐本草》已有记载。世界十大油料作物之一。作为经济作物，印度蓖麻产量占世界第一。中国产量第二，巴西第三。蓖麻还是园艺植物，有上百个观赏品种。

艾

艾，菊科蒿属。别称：艾蒿、医草、灸草、萧茅、冰台、遏草、香艾、蕲艾、艾萧、蓬藁、黄草、艾绒。多年生草本。艾全草入药，应用广泛，几乎是"仙草"。中国已有2000年以上栽培和药用历史。中医艾灸的艾，就是以艾为原料。艾嫩芽及幼苗作菜蔬，嫩叶捣碎也可做艾叶糍粑。艾叶干燥后捣碎，还是上等的制作"印泥"的原料。

─ 第十章 ─

夏至

6.21—6.22

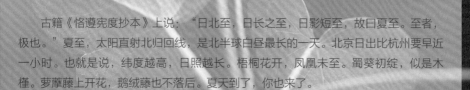

　　古籍《恪遵宪度抄本》上说："日北至，日长之至，日影短至，故曰夏至。至者，极也。"夏至，太阳直射北归回线，是北半球白昼最长的一天。北京日出比杭州要早近一小时。也就是说，纬度越高，日照越长。梧桐花开，凤凰未至。蜀葵初绽，似是木槿。萝藦藤上开花，鹅绒藤也不落后。夏天到了，你也来了。

夏至的诗

夏至

天南星照亮了张开的三片叶子
在翠绿的林下，没有水也没有告诫
我想起菠萝蜜和桑葚一家的幽谧时光

万物自有短长，万事各有难易
太阳均匀的斑点涂抹着季节的梗概
仿佛不动的水到了蓝色的海上

你从恍惚不定的床上突然坐起来
黑夜临近结束，夏天已然过半
这有毒的花，她的另一个名字叫守田

今晚不谈植物和分类

今晚不谈植物和分类，不谈雌雄异株
不谈云朵与河流，好像洪水猛兽亲如一家

海棠不谈木瓜。枣树不谈鲁迅和语文
大豆不谈槐树开花，杏子不谈青梅竹马

构树不谈柘树，半夏不谈芋头和牵牛
玉米甚至不谈甘蔗，睡莲不谈鲈鱼莼菜

仿佛接骨木不谈跌打损伤。蛇莓不谈蓬藁
蔷薇不谈芍药，芍药也不谈诗经和红楼

宝玉不谈禅，如同黄山不谈五岳和栾树
李清照不谈绿肥红瘦，白居易在船上

不谈枫叶荻花。杜甫更不谈茅草和屋顶
柳三变不谈晓风残月，只谈恋爱不管别的

从我的语言里 ⁀

从我的语言里你取走属于我的事物
不从我的事物中清点薪荽、荠和蔓菁

从我的生命的前线埋葬我的童年
不从我的童年呼叫种子和积雪

从我的土地上播撒必将无收的黄金
不从我的黄金上刻画诗篇和今生

从我的悲伤之所点燃高耸的屋顶
不从我的屋顶藐视我的泪水

从我茫茫的大海和六月打扫珍珠
不从我的珍珠穿针走线点缀黄昏的袍子

从我命里注定跑出来一头野兽
不从我的野兽相反的方向看我的荒野

静谧的夜 ⌒

静谧的夜，爱的火焰在街上巡逻
唯有恸哭挖出那些毫不相干的肋骨
蚂蚁撞倒了国王好似荆棘收走了镰刀

被睡眠梳理过的荒野那么葱茏
唯有明月可以看见远处落地的石头
星辰一片散漫宛如世界一派安宁

有结果的树靠了不结果的树
唯有屋顶闲置的梯子提醒我们
夏季那么悠长仿佛生命那么短促

梧桐

浓密的枝丫捕风捉影
太阳在远处，好在星辰在近处
你看天空不空，就像你看云朵不散

黄昏的雨，黄昏的夏至
湖水在湖水的中央那么平静
悠悠的小女儿消失在漆黑的夜晚

唯有闲暇是正确的。金子没有用
翅膀没有用。幸福在词语里
没有用。爱最不爱讲的恰恰是逻辑

抱住栏杆的大海，凭什么退缩
老虎扛着梯子，望不到大海
凤鸟归来叫梧桐结果不叫梧桐开花

梧桐：嘉树万里，凤凰来栖

梧桐，梧桐科梧桐属。原产中国。《诗经》中已有记载。在中国古典文化中是有名的嘉木神树，凤凰非梧桐不栖，可见其出身之神秘。

有一种悬铃木，叫"法国梧桐"，除了叶子与中国梧桐些许相似之外，再无联系。也有很多人将泡桐当梧桐。其实两者完全不搭界。个中缘由恐怕是梧桐偶遇，而泡桐常见。

顺便说一下，泡桐木材可制作古琴，跟"六味地黄丸"里的地黄，是一个大家族，都在玄参科名下。在北方，泡桐与地黄花期也几乎同时。一大树，一野花，相映成趣。

梧桐与泡桐，相同之处就在一个"桐"字上。天壤之别在于，前者栖神鸟，后者落家雀。

夏至已至，梧桐花开

有一棵梧桐树，每到夏至，就会开花。恐怕比节令还准。有些植物不到时候开花了，到时候却迟迟未果。自然毫不奇怪。不是说了吗，人算不如天算。梧桐树就是不一样。有了梧桐树，凤凰说来就来。如果没有梧桐树，凤凰也会把种子捎回来的。才不操心呢。我总是相信发生在神话里的事情。到了一定年龄，原来不信的东西，你也会信的。梧桐树只是自顾自地开花，好像还没谁见过天降凤鸟。那么多铁板钉钉的事情在眼前发生，看见的人真的看见了吗？

梧桐梧桐，花蕾如豆。

万物有灵，何况梧桐。

夏至已至。梧桐花开。

是结果，花一样的结果。

万物从细节那里打开，从细节那里自由。

当梧桐要结果的时候，雨声也寂静。

时间忘了时间，梧桐忘了梧桐。

朝开暮落看槿花

　　木槿，锦葵科木槿属。原产中国。别名朝开暮落花、篱障花。北京地区木槿的盛花期在6—9月间。花色有紫、红、白、粉。李商隐有咏物诗《槿花》："风露凄凄秋景繁，可怜荣落在朝昏。"可见一树花期之长和单花花落之短。

木槿如锦，花开夏秋。

生如夏花之绚丽，朝开暮落也诱人。

鹅绒藤

鹅绒藤，萝藦科鹅绒藤属，缠绕草本。叶、花、果三者俱美。叶子对生如翅膀，小小的花蕾如鸟嘴。

鹅绒藤

花开藤上，好久不见。

鹅绒藤

花开藤上，如此甚好。

萝藦，花枝

萝藦，萝藦科萝藦属，缠绕草本。萝藦在《诗经》里叫芄兰。就像芦苇是蒹葭一样，"形象"顿时就变了。萝藦如老衲，芄兰若少女。本来嘛，萝藦和芄兰就是一个，分不开的一个。

月季，花

月季，蔷薇科蔷薇属。在16世纪以前，国外没有四季中多次开花的蔷薇科植物。只有中国的月季品种传入西方之后，西方才有"现代月季"。如今，情人节鲜花市场的所谓玫瑰，就是经过杂交培育的月季。生意归生意，真相归真相。

玫瑰，花枝

玫瑰，蔷薇科蔷薇属。是"蔷薇三姐妹"（蔷薇、玫瑰和月季）最娇贵的花。
很多人以为"玫瑰"是舶来品。实乃原产中国的植物。早在秦汉时期，玫瑰已经在宫苑中栽培。在宋元明清的绘画、陶瓷等艺术作品中，"蔷薇三姐妹"作为艺术形象已经跃然娟上、纸上、瓷上。

求米草，群落

求米草，禾本科求米草属。南北广布。每每见到求米草，就想起这是小米的远亲到了青黄不接的初夏时节。

刺儿菜，成熟的种子

刺儿菜，菊科刺儿菜属。

苘麻，初花

苘麻，大麻科苘麻属。

蜀葵，花序

蜀葵，锦葵科蜀葵属。别名一丈红、算盘子。蜀地多蜀葵，花开如木槿。

蜀葵，初花

城里城外，随处可见。不认识蜀葵的人，通常不是解花人。

西红柿，果枝

西红柿，茄科植物。与青椒、土豆、茄子、烟草一家。原产秘鲁。16世纪英国人罗达格里从南美带到英国，作为观赏花草栽培，因果实太鲜艳，疑有毒。1830年美国人罗伯特从欧洲带到新泽西州栽培，并食用，方才名声远播。

黄瓜结果了

黄瓜，葫芦科植物。原产印度。20世纪70年代，在中国云南景东等地，发现有野生黄瓜。中国栽培黄瓜历史有1500年以上。黄瓜最初称胡瓜。李时珍认为胡瓜是张骞带回的，但在张骞出使西域带回的"植物清单"中，没有胡瓜（黄瓜）。中国有文字记录的黄瓜始于《齐民要术》。中国是目前全球黄瓜栽培大户。世界上大约每结出两条黄瓜，就有一条长在中国的黄瓜架上。

朱槿

朱槿，锦葵科植物，俗称扶桑、佛槿、中国蔷薇。原产中国。《山海经》中已有记载，晋代的《南方草木状》也有描述。

橙黄朱槿

朱槿花型和色彩极为丰富。橙黄朱槿，是著名的园艺品种，也叫橙黄扶桑。

重瓣朱槿

重瓣朱槿，因貌似牡丹花型，所以也叫朱槿牡丹。

珍珠梅，花枝

珍珠梅，蔷薇科珍珠梅属。因花蕾如珍珠，故名。

臭椿，果序

臭椿，苦木科臭椿属。原产中国。

枣树，幼果

枣树，鼠李科枣属。鲁迅故居里的枣树，我只看到一株，另外两株在墙外。

—— 第十一章 ——

小 暑

7.6—7.8

　　小暑小禾黄。江南出梅入伏，北方草木茂盛。可以避暑，但炎炎夏日躲不开的。草木也要经历酷热和腐烂。果实在汇聚力量，枝叶在灌输生命。鱼有鱼之乐，人有人之苦，无法比较，只能意会。万物皆有来历。风起于青苹之末，莲动于水塘之上。

小暑的诗

小暑

梅雨和早稻快要结束。凡是你派来的队伍
谁也不能阻挡。从野草到大片的云朵和良田

太阳是主宰者。满地滚动的石头被一起收割
它们歇息的样子，像人类在胡桃树下打盹

在胡桃树下，你可以看见秋天的结果有多少
有多少牲畜变成了畜生，尽管世事在更迭

不变的依旧不变。枇杷熟了跟着杏子掉了
吃草和吃肉的轮子大地的轮子，给我们敲打

时间也没有亏待任何人，哪怕是一簇芄兰
或者一片透彻的湖。莲花出水仿佛烛照黑夜

你的绶草开了花，不知道我的梧桐还等什么
天气啊太强大太不讲道理，所以才是天气

早上的诗

在天堂的门口梯子沿着大雨下来
梧桐深处的积水依旧在街道上滑行
黑夜像两头发亮的木床骤然翘起

梦醒时分给你梳洗也给你忧伤
夏日滚烫的云朵熨平了旗袍的皱褶
明月曾经袒露因为河山未经照彻

你在我信的地方开花开了一世界
在我不信时候结果有了好结果
幸福的人啊唯有你知道我从哪里来

欢愉和不朽的爱一起缠绕如萝藦
林中滑腻的青苔是一道阳光的缝隙
区分开恍惚的日出与恍惚的日落

正午的诗

太阳在分水岭上空吸吮花朵和汁液
这盛夏席卷大地玉兰又开的时节
万物的主宰重新回到我的身边

当大海不在汹涌的海上而在你心头
我想起清风吹过月光四溅的露台
欢喜的夜缭绕的夜不肯散去

核桃在暴雨中滚下山岗
房屋在雷的荡漾中逼近回归线
正午的大街上却没有人的一丝丝影

北方和不可战胜的寂静混淆了
我用了一个赌徒的盘缠独自上路
石头要成为拱券就像词要成为诗篇

午夜的诗

午夜辗转的诗那么缓慢而且隐蔽
仿佛只有半个韵脚安插在午夜之后
敲敲打打的星斗小小的锤子不偏不倚

我在阳台默念我给你的名字
雨夜和北方的烈日早已兵分两路
蝉翅如此单薄几乎可以剥削整个夏季

蛰伏的时间太长凄厉的歌声太久
被挪用的凳子发出不是凳子的喊叫
木兰花扭曲的果实占有了雄性的根据

书籍里的魂灵出没好像各有旗号
连篇的作者灰飞烟灭不费吹灰之力
街角灯火响亮仿佛大海归来杳无声息

睡莲 〰

呼吸平稳如明月隐去。睡在水上的莲
有一阵是紫色的梦，有一阵是白色的花

有一阵开着开着不开了。烈日在浇灌
雷在远方躲闪。因为太远了没有雨过来

及时的雨从来没来过。池塘一动不动
一动不动的大树叶，是梧桐的是泡桐的

生命或许停顿。仿佛石头散发的余热
还在拯救季节的运行。没有云朵的天空

没有天空的云朵，是一个银币看了两遍
像白色的火焰在床上，已经到了凌晨

梦中人和紫色的睡莲相伴。孤单的夜
星星也是一片嘈杂，不管睡了还是没睡

莲 说

莲，睡莲科莲属植物。别称荷花、莲花、芙蓉、菡萏。原产中国。李时珍《本草纲目》解释说："莲茎上负荷叶，叶上负荷花，故名。"

在中国，已有3000年栽培历史。《周书》记载："薮泽已竭，既莲掘藕。"表明莲藕已是当时的重要蔬菜。《诗经》也有关于荷花的描述，"山有扶苏，隰有荷华"，"彼泽之陂，有蒲与荷"。

烈日下盛开的莲花只有24小时的光景，落花通常也持续24小时。之后，莲房迅速膨胀起来，为莲籽的成熟预备养料和空间。

作为观赏植物引种至园池栽植，最早在公元前473年，吴王夫差在他的离宫（即苏州灵岩山）为宠妃西施赏荷而修筑"玩花池"。

在植物的种子里，莲子是不朽和永生的象征。20世纪70年代，中国古生物学家在新疆柴达木盆地发现至少有1000万年的荷叶化石。

1952年，中国科学家从辽宁省普兰店东五里处的洼地1~2米深的泥炭层中，挖掘出古莲子。经测定，这些古莲子的寿命约在930~1250年之间。科学家们开展了一系列实验，96%的千年古莲子竟抽出了嫩绿的芽。美国科学家也曾使1000年的古莲子成功发芽。

每天都不一样的太阳照样升起。

我的露水和万物之母。

一朵莲花可以拥有四季河山。

莲等了很久，不明白到底等的是哪一条鱼。

如我所愿，你的心是清澈的。

如梦如幻，不如一片寂静。

万物不在心上，那就空无一物。

荷花在水上开，水在水上摇曳。

出淤泥而不染当然好，出淤泥带淤泥才自然。

凡人亲眼看见的绝不可能是完美的。

我要让你听见我的歌声。那歌声不是发自肺腑，而是源
于肺腑的疼痛。

要有光，于是有了莲子。

低着头我想我的问题。如果我看天，
那表明问题已经烟消云散。

睡莲说

睡莲科植物是个大家族。五个属，百余种。王莲、莲、芡、莼、萍蓬草，不一而足，都是跟睡莲"睡"一起的表姐妹们。

关于睡莲为什么夜间会"睡觉"，有很多猜想和解释。通常的说法是，睡莲是热带植物，有自己的开闭时间表。晚间闭合可避免热量损失，以延长花期。

其实，很多植物的花都喜欢晚上收拢，有些豆科植物的叶子也会收拢。白天光照足，花瓣内侧细胞分裂迅猛且比外侧快，就"挤"开了。到了夜间，会收缩，花瓣便合上了。

传粉的昆虫也多是白天忙活，这样，花与虫"作息"一致。要是昆虫白天来了，花睡了，昆虫不是白来一趟吗？可是呢，也有极少品种的睡莲，花开深夜。就像有人睡颠倒一样。

"只恐夜深花睡去"，苏轼说的是自己苦催得要死，孤独得要命，那么美妙的海棠睡了如何挨过春夜呢。睡莲也有夜不能寐者，可惜苏老未得见。

别操心了。污泥归污泥，莲花归莲花。

给我讲讲你在心里也不肯说的事情。

水这面镜子看见云朵，云朵看见睡莲。睡莲睡着了，
看不见自己，也看不见其他。

没有睡莲的池塘，有月光也形同虚设。

我也知道睡莲不睡，他们却说梦笔生花。

睡莲是一面镜子，看你看，看你不看。

荇菜，花开

荇菜，龙胆科荇菜属。花冠黄色，单个花的花期很短，早上开到黄昏。但整株不断开花，花期长达120天。本属另有一种，开白花，俗称印度荇菜。

荇菜，新叶

开花开银闪闪的花，
开花开金灿灿的花，
荇在风里，风在水上。
淑女多么美，
君子辗转了，遇见了，妄想了。

浮萍，铺满水面的群落

浮萍，浮萍科浮萍属植物。常有人将浮萍之萍混淆于"风起于青蘋之末"之青蘋。蘋字简化后为"苹"。于是我们读到的就成了"风起于青苹之末"。按新华字典，倒也没错。还有顺便写成"青萍之末"的，就以讹传讹了。宋玉《风赋》的原文是："夫风，生于地，起于青蘋之末。"青蘋与浮萍是不同的植物。蘋就是田字草，一种蕨类，苹科苹属，水生植物。也是古时的蔬菜。顺便说下，《诗经·小雅》中《鹿鸣》一篇，其中有"呦呦鹿鸣，食野之苹"。这里的"苹"是一种菊科植物。

田字草（蘋），水上群落

田字草，蕨类植物，苹科苹属。异名田字苹、四叶菜、破铜钱。你在水上写字，水在田里养生。风起于青蘋之末，浮萍有所不知。

王莲，睡莲科王莲属

王莲在西湖称王，西湖好像不在西湖上。

凤眼莲，花序

凤眼莲，雨久花科凤眼蓝属。原产巴西。别名凤眼
莲、水浮莲、水葫芦。 20世纪初引入中国。可净
化水中镉、铅、汞等有害物质。家畜家禽饲料。嫩
叶可食用。全株药用，清热解毒。

凤眼莲，水上，群落

狐尾藻，水上，群落
狐尾藻，小二仙草科狐尾藻
属。水生植物。

雨久花，水上，花序
雨久花，雨久花科雨久花
属。水生植物。别称浮蔷、
蓝花菜、蓝鸟花。全草可作
家畜饲料，花供观赏。

红花石蒜，花序
石蒜科植物。俗称彼岸花、
无情花。要么先开花，花不
见叶，要么先抽叶，叶不见
花，故名。

向日葵，花序

菊科向日葵属，原产北美。俗称葵花、转莲、仗菊。向日葵是开在夏日的菊花，有个别称叫仗菊。

向日葵，管状花与舌状花

向日葵的花盘上有两种花，即舌状花和管状花。舌状花1～3层，分布在花盘周边，为无性花，不结果，但可以引诱昆虫授粉。管状花，在舌状花内侧，为两性花。负责延续后代，会结果，就是葵花籽。

凹头苋，幼苗

凹头苋，苋科苋属植物。俗称野苋、光苋。

凹头苋，全株

遍布五洲。因此在全球旅行中，凹头苋会让人不觉得自己是异乡人。

第十二章

大 暑

7.22—7.24

古人曰：大者，乃炎热之极也。三伏天，苦夏日。大雨行时，萤火烛照，东风不起。大暑之后，便是立秋。正是物极必反。每当此时，人人盼着立秋，就像盼望一个替天行道者来解救酷夏中的人们，从而获得少许的安慰。天地运行，由盛而衰。雨打芭蕉，芭蕉开花。开花有时，结果有时。随雨播种的，必是来年的青草。

大暑的诗

大暑

一万年也不够用。半个夜晚就可以做好的事
被拖进了清晨的积水。屋顶的野草叫起来

屋顶的喜鹊不操心是这样是那样。雷和雨
来了一阵，太阳和大风也来了一阵。闪电在中间

托举着红色的枝丫。所有画出来的大树
不会给世界庇荫。除非是山里的山桃

春天做一些事，夏天再做一些。放假的操场
让一棵合欢树空空荡荡。仿佛只有蝉声

给枯燥的午后平添一些枯燥。马褂木的叶子
继续裁剪以备后用，继续为你打扫零星的

黄昏，好像一场狂欢留下的萤火虫在草丛里
生生不息的流水啊，你我一万年也不够用

上午的诗 ⌒

一个梦也是一个小小的死亡。当我苏醒
窗外是别的窗子。若冰雹声一直响
我就知道逻辑是土星上的火车

在透亮的云朵里，你照看我的写作
石灰岩的酸性暴露了尘埃和阳光
而书房用一片寂静对付一堆没用的书

美好的事物总是这样。爱情的高年级
依旧是个孩子爬到梯子上不害怕
地锦草沿着石头的缝生长不知疲倦

日落和日出是两个凳子轮流摆放
亲爱的，你到哪里去了那么久
青梅黄了竹马响了我在藤椅上等着你

黄昏的诗 ୦୨

黄昏的火车里你写忽明忽暗的诗
两边的树木那么快完全不一样
一面窗子写了让一面窗子又给擦掉

你在别处的时间写着别处的黄百合
而这边的萱草在晚风中没有摇晃
仿佛晚风的屋檐上只有狗尾草

轻轻叫着就好像蚂蚁和国王才能听见
一次剧烈的停顿传遍了大街小巷
山顶的云不经意带走雨的山坳

沉浸在梦境里你写着离别之后
火车都过去了，黄昏那么晚那么亮
莫斯科和圣彼得堡像两个词紧挨着

凌晨的诗

写凌晨的诗我为你在早晨读
写离别的人看见重逢的那一刻

写梦中的人回来把花儿忘在梦里
写明月早已落下云朵一片震动

写恍惚的树叶翻过来却没有风声
写埋在暗处的事物抓不着词语

写流淌的水消磨大地和爱情
写高山深藏仙药猛兽独自奔走

写蚂蚁闯了大祸国王弄丢了扫帚
写木头劈开木头窗户躲开窗户

写火焰扑倒在地天空眩晕不已
写安宁和喜悦相遇了心还在颤抖

凌霄

雨下来的时候，凌霄忘了在屋檐上开花
不知道雨什么时候下来，不知道也是好的

如果你是凌霄，就会明白秋天叫人糊涂
秋天的里尔克充满恐惧，嘱咐你不要造房子

好像一切都太晚了。太阳依旧泼洒种子
山谷和玉米彼此照料。好像死者全部在雨中

躲避我们这些躲在大树下的人。靠不住的
香菜和莳萝的距离，并非看上去那么远

凌霄的藤蔓正在一堵墙的两边，观察人类
几乎很少是站住脚的。雨沿着雨下来的时候

树叶突然回到树上，仿佛为了遮挡果实
你甚至看不见凌霄都张着嘴，说不出话来

牵牛：花虽相似，叶相径庭

牵牛，旋花科植物。旋花科植物全球有一千八百余种，中国有一百二十余种。

北京地区自然状态下常见的圆叶牵牛和裂叶牵牛。花虽相似，叶相径庭。人们喜欢叫她们喇叭花，形象且省事。

还有打碗花，据说是不能摘的，否则吃晚饭的时候要打碎碗碟的。当然，没摘过打碗花的孩子，也打碎了碗。奶白色的打碗花太纯净了，几乎不能碰，连露水也可以把她弄脏的。

我们吃的蕹菜（空心菜），也是旋花科植物，这我很晚才知道。其实不知道也好。因为知道不知道并不影响空心菜的味道。

另外，街头栽培的矮牵牛，是茄科植物，却常常被误认为旋花她们家的姊妹。

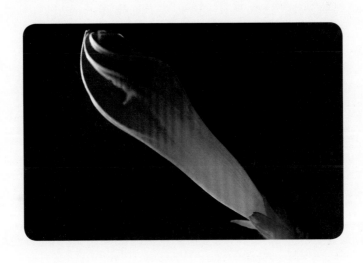

圆叶牵牛，初开

圆叶牵牛，旋花科牵牛属，一年生缠绕草本。原产南美。花冠有紫红、红色、白色。

裂叶牵牛，初开

牵牛，旋花科牵牛属，一年生草本。俗称裂叶牵牛、牵牛花、喇叭花。花冠漏斗状，蓝紫色或紫红色。种子入药，利尿、祛痰、杀虫。

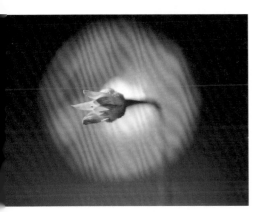

花已落，花犹在。

"譬如朝露"，牵牛花在太阳升起的时候凋谢。

牵牛和圆叶牵牛缠绕在一起，总有牵挂，情同姐妹。

打碗花，叶与花

打碗花，旋花科打碗花属。

是孩子们的玩伴，是身边的植物课。

打碗花，打碗花，妈妈喊你吃饭啦。

田旋花，开花的群落

田旋花，旋花科田旋花属。

田旋花可以从石头缝里长出来，耐旱、耐贫瘠。

再荒凉的地方，有了田旋花也不那么荒凉了。

旋覆花

旋覆花，菊科旋覆花属。产自欧洲、亚洲、非洲和拉丁美洲。有两百余种。中国有二十余种。亦药亦食。旋覆花仿佛夏日的计时器，秋天早上一连串的铃声。旋转的花盘啊，我看见你的指针向着大地的末端，那里荒野寂静出神，万物自灭自生。

俗称金佛花、金佛草。因为夏季开花，又叫六月菊。在北京地区，旋覆花可以开到深秋。多见于河边、废墟和林地边缘。在小区和公园，常被园丁当作杂草剪除。太可惜了！

旋覆花是夏天里的菊花，是菊花里的夏季。野趣横生，不求闻达。对爱花的人是佳卉，对采药的人是珍宝。

夏日的清流之花。没有旋覆花的盛夏是难过的。

太阳照耀着旋覆花，旋覆花照耀着一片青草。

远远望去，好像只有旋覆花可以望见更远的地方。

金色的齿轮旋转着，到了夏天，到了秋天。
花时间看花吧，总有你还没有看见的东西。

茑萝，叶与花蕾

茑萝，旋花科茑萝属。 跟牵牛花是小姐妹。
原产南美。

茑萝，花与叶

茑萝有羽毛一样的叶子，有星星一样的花儿。
跟胡同一样长，和胡同一样深。是牵牛牵来
的，我只悄悄给你说，而牵牛喜欢的，我没理
由不喜欢。

芭蕉开花了

芭蕉，芭蕉科芭蕉属。芭蕉花开，这在北方园林并不常见。芭蕉在诗词里生长，芭蕉在窗外，你才听得见雨打芭蕉的寂静。

枳

枳，芸香科枳属植物。别名枸橘。有地方叫枸橘李，果实10月由绿而黄。北京地区露天栽培仍可青枝翠叶越冬，可见其耐寒性。

枳也是生长在《晏子春秋》里的植物："橘生淮南则为橘，生于淮北则为枳，叶徒相似，其实味不同。所以然者何？水土异也。"此为成语"南橘北枳"的出处。

从分类学意义上，枳和橘是两种芸香科植物，各有所属。橘，是橘属，枳（枸橘），是枳属。不会因栽植地域不同而导致物种突变。比喻归比喻，自然归自然。

天目琼花，幼果枝

天目琼花，忍冬科荚蒾属植物。天目琼花是复伞形花序。边花（周围一圈的花）是不孕花，异常漂亮但不会结实。心花（中央的小花）平淡无奇，却能结出红宝石一般的红果子。春可赏花，花白如雪。秋能观果，果然称奇。霜降之后，叶色斑斓。在园林中，孤植可以独秀，群栽可以聚美。种子可以榨油、制药。

厚萼凌霄

厚萼凌霄，紫葳科紫葳属。藤本。别称美国凌霄、杜凌霄。紫葳属还有一种，是凌霄。攀缘藤本。别称苕华、紫葳花、女藏花、倒水莲、堕胎花、上树龙、藤萝花、吊墙花。原产中国。《诗经·小雅·苕之华》有诗句："苕之华，其叶青青。知我如此，不如无生。"这里的"苕"（tiáo），即凌霄。《本草纲目》载，"附木而上，高达数丈，故曰凌霄"。苕在某些方言里，指番薯、薯蓣、马铃薯。也有地区特指芦花，浙江有水名"苕溪"，就因水边多芦花而得名。

紫薇，花枝

紫薇，千屈菜科紫薇属。落叶灌木或乔木。因种在汉代的紫微宫（掌管天文历法的机构）而得名紫薇。俗称百日红、痒痒花、痒痒树、紫金花、紫兰花、无皮树。从夏至秋末，花期不止百日呢。紫薇树皮、叶、花，可制泻药。根、树皮，可治咯血、吐血、便血。

玉米

玉米，禾本科玉蜀黍属植物。
原产墨西哥，有5000年栽培
历史。1492年哥伦布在古巴
发现，后带回西班牙。大约在
1511年前传入中国。一说经欧
洲、印度、西藏入川，所以有
玉蜀黍之名。

丝带草，群落

丝带草，禾本科虉草属，虉草
的变种。别称玉带草。风吹丝
带，沙沙有声。看上去就是换
了衣裳的蒹葭。江南、岭南，
北京、南京，均有园林栽培。

桃，果枝

从前桃之夭夭，如今果之青青。

蝎子草

蝎子草，荨麻科蝎子草属。看名字就知道，蝎子草是不能碰的。若是碰到皮肤，灼痛难忍。

玉兰，果实

人们常常觉得玉兰的果实很丑。植物的种子怎么会丑呢？

葡萄，果序

葡萄，葡萄科葡萄属。木质藤本。原产亚州西部。中国自汉代开始栽培，传说由张骞出使西域带回。

花椒，幼果

花椒，厨房里的必备。跟橘子、柠檬和柚子是一家的，都是芸香科植物。有个花蝴蝶学名就叫花椒凤蝶，幼虫专吃花椒的树叶。要是你在初夏之交捉到花椒凤蝶的幼虫，喂她花椒嫩叶，就可以孵化出凤蝶来。

板栗幼果

板栗，山毛榉（壳斗）科栗属植物。也叫中国板栗。原产中国。摄于青山关。

野核桃，幼果

野核桃，胡桃科胡桃属。落叶乔木。别称核桃楸、山核桃。种子榨油可食用，木材坚硬，经久不裂。河北蓟县有野生分布。

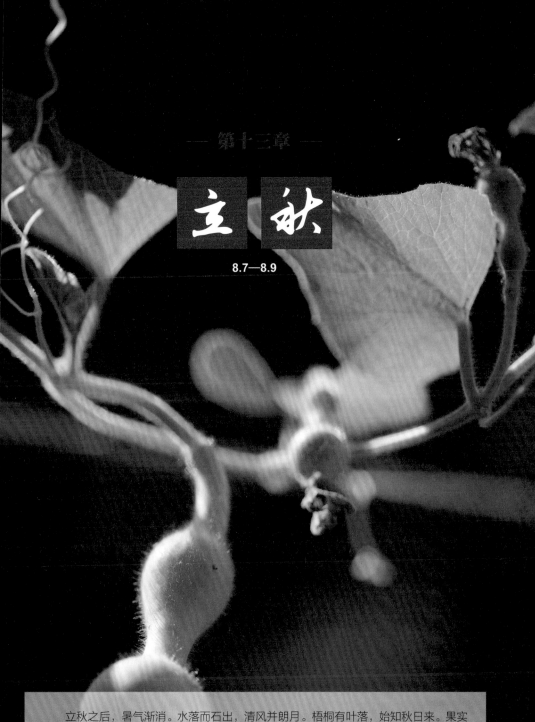

—— 第十三章 ——

立秋

8.7—8.9

立秋之后，暑气渐消。水落而石出，清风并朗月。梧桐有叶落，始知秋日来。果实日益饱满。白露降，寒蝉鸣。虽说炎热尚在，也属强弩之末。农谚曰："一场秋雨一场凉，十场秋雨草结霜。"葫芦藤上的葫芦娃们，开花坐果。女青随风轻摇，倒地铃无声胜有声。李子满枝，稻谷满地。一棵稗草是风景，一株苘麻也引人幽思与遐想。

立秋的诗

立秋

美人蕉紧抱的叶子，同样抱紧美人蕉的花
真是舍不得啊，挨打的总是窗外的芭蕉

闪电放大漆黑的院子，不眠的人难以诉说
屋顶的小构树不要结果，屋顶的瓦不要阻拦

李清照的海棠还是那么肥，不像宋朝的字
湖水分开吟诗的臣民，工笔画蓼的皇帝

只见明月升起不见芦苇吹动。屋檐的虎尾草
威风丝毫不减。当初的柳枝如今可是柳腰

这破罐子的秋天也是好的。扇子的窗外
瓶子敞口的门，仿佛扫地僧一样远去

远去的还有少男少女。美人蕉的池塘更彻底
芭蕉布匹一样撕开的叶子，割断去年的雨声

紫竹院

看见榆树开花。远处的图书馆像板凳
在湖边看一个人无所事事，突然心虚了

紫竹院里最多的草，就是各种竹子
刚冒出来的苦菜，对全世界心生悲悯

泥胡菜好像面有菜色，因为雨水来迟
紫花地丁一片兴旺，是农历在催促

不用太久苦菜生出风的种子，蒲公英
生出雨的种子。再过几天就是春天

早上叫起来的鸟儿，叫开门叫不开
杨树吐穗，仿佛吐露心事的人解脱了

图书馆坐在台阶上满腹疑问。不知道
他们唱的是什么，不知道唱给谁听

这蓝，要像反法西斯一样彻底 ∽

这天色本来的颜色
看不见已经很久很久了
在长安街上空
在颐和园的山顶
在数数一样的环路上
已经很久

现在没有房子的人
可以种树
现在还没有种树的人
可以深深挖掘
现在还没有去挖掘的人
可以找饱满的种子

这八月的光景
全靠一片树叶的笼罩
而树叶背面的尘土
不敢落下
露水和雨水那么干净
久违了，亲爱的蓝

不要转瞬又不见了

不要一个吻，而是不断养育

不要偶尔，眺望一下窗子

不要只给我们一个早上的欢喜

不要喊口令一样，然后答应

不要看个热闹似的，说散就散

这蓝，要像反法西斯一样彻底

向日葵

槐花落在水中，大雨落向屋顶
空旷的大街，一直看着两边的橱窗
阵阵敲打，仿佛没有一个人听见

花楸细长的蒴果，让无数生命拉拽
大地单薄的影子拖走所有的时光
天空的石头伴着巨雷缓缓滚动

安宁和欢愉，围绕悠悠的小女儿
风的火苗一片青翠。风的云朵
吹响木瓜和翅膀，在黑夜里

万物万一消失，你我在哪里相聚
月亮了，天亮。穿过雪白的婚纱
向日葵升起来，你我的大海一片寂静

葫芦

世界在那里在，就为了叫人百思不得其解
就为了葫芦要开花，葫芦要生一串的葫芦娃

天啊在一根藤上！云朵和早晨也在一根藤上
装满水的葫芦娃摇晃着，听不见任何水声

仿佛死亡扎紧的口袋提了上来，如此寂静
寂静是另一个口袋，扎紧了食粮和空气

有弱水三千，有无数的葫芦游向无尽的大海
一瓢一瓢的大海给了厨房。一粒一粒的盐

给了力气。我的人啊在三月和四月的旁边
我的人做梦想不到，种子飞到鸟的嘴里

叫不了！漫山遍野是葫芦的天下葫芦的板凳
我的人坐在那里不言语，却说穿了世界的奥秘

葫芦娃的诞生

葫芦娃在葫芦藤上爬
葫芦藤在葫芦架上爬
葫芦那么小葫芦那么大
装了酒是醉人的
装了药是救命的

　　本种是小葫芦。中国栽培的四种葫芦之一。2015年清明到霜降，跟踪记录了葫芦的生长过程。这里发布的是8月13日至19日连续观察的结果。从中可以清楚看到，葫芦娃从开花、授粉到坐果的过程。

8月13日

四个葫芦雌花左边两个已经受粉成功了，正在发育。

8月13日

小葫芦，雌雄同株。雌花、雄花在一根藤上。

这是雄花。雄花也称谎花，只管传粉。

雄花凌晨开放，四周寂静，只待风来。

8月14日

早晨5点左右，雌花渐打开。7到10点，雌花受粉的最佳节点。雌花知道雄花已经等候很久了。真正的千金一刻，就是这个时刻。尤其当风和昆虫造访了雄花之后。

8月15日

很显然，雌花已经受粉，花瓣合拢。根据观察，雌花开放的第一天，就成功受粉。受粉可能是通过风力完成的，也可能是蜜蜂或其他昆虫不经意间代劳了。夜间多雨，白日酷热，也是容易受粉的气候条件。

8月18日

第四个葫芦娃，受粉没有成功，夭折了。老大、老二、老三，渐渐饱满起来。事实上，有的雌花坐果（受孕）失败，也保证了同一根母藤的葫芦娃们有更多的营养。

8月19日

老大已经长大了。本种小葫芦，从坐果成功到长成的膨胀期，10天左右。也就是外形、大小固定下来了。但还要历经40天左右的风吹日晒，最后成熟。藤上的三个葫芦娃一直茁壮成长。直到霜降，功德圆满。

这也是一次"直接阅读"，翻页的是自然的时间之手，而"书本"总是新的，就像每天的太阳。

女青，女青

女青是茜草大家族的一员，多年生缠绕藤本。25年前北京稀见，如今处处有之。女青之名，最早出自汉代《神农本草经》。因其叶揉碎有怪味，被植物学家定了一个大煞风景的名字：鸡矢藤。民间流传的名字就有趣多了，如斑鸠饭、雀儿藤、香藤、甜藤。别称之多也恰好表明分布之广。

《本草纲目》记载，全草入药，有祛风利湿、止痛解毒、消食化积、活血消肿之功效。在江南民间有食用传统。把叶子磨碎，加入糯米粉，做蒸糕，是一道美味。

博物学巨匠李时珍叫她"女青"，物之美，词之雅，恰到好处。有的植物志上，叫鸡矢藤。太臭了，我指的是命名的手法。

女青在民间，还有个名字，叫雀儿藤。因鸟爱食其果。叶子对生，也如鸟翅。

在开花中飞翔，在飞翔中开花。

女青，花落如坠，或许就是当初李时珍看到的女青。

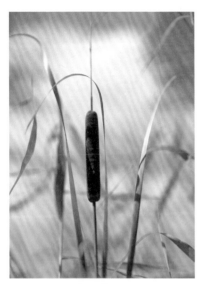

香蒲，叶与子房（蒲棒）

香蒲，香蒲科香蒲属。别称东方香蒲、蒲棒。
水生植物。香蒲很吃香啊！蒲叶可编席、造
纸，嫩叶和根茎可食用，花粉可入药。

大麻，开花的雌株

毒品大麻属于大麻亚科的一种植物，并且只有
开花的雌株才是毒品。

苘麻，全株

要是没有苘麻，古人最初纺纱织布可怎么办呢？

苘麻，幼果

苘麻，锦葵科苘麻属一年生草本植物。在中国
有2500年以上栽培史。古人用其茎皮纤维制
作编鞋、搓绳、纺线制衣的原料。苘麻在中药
里叫"冬葵子"，治耳炎、耳鸣。另有容易同
苘麻混淆的植物叫磨盘草。在长江以北地区看
到的，大多数都是苘麻。苘麻一般高0.5到2米
左右。有的栽培品种高达4米以上。

风船葛，果枝

风船葛，无患子科倒地铃属。草质攀缘藤本。又名倒地铃、包袱草。是无患子家族中唯一的藤蔓植物。

风船葛，幼果

风船葛的花，细小且呈淡绿色。蒴果。果有三室，一室一籽。种子成熟时黑色。全株入药，清热利水、解毒消肿。

要是你觉得这气泡一样的果实，几乎就是栾树的果子，也有道理，因为二者都是无患子家的亲戚。

牡丹，成熟的果实

关于采收种子，有个说法："能收八成嫩，不收九成老。"在种子成熟前采收，可以提高出芽率。不过要等四五年才可以开花。另外，种子繁殖，往往导致品质退化。所以，用分株的方法繁殖牡丹比较实用。

落新妇，花序

落新妇，虎耳草科落新妇属。产自中国。别称小升麻、红升麻。是花也是药。根状茎入药，有散瘀止痛、祛风除湿、清热止咳之功效。

凤仙花，全株

这是重瓣凤仙，就是从前姑娘们染指甲用的指甲花。凤仙花的种子一旦开裂，可以弹出很远。自播能力极强。

落新妇，盛花期群落

这一片小小的花的森林，长满了虎耳草和黑夜的精魂。也许就在千万个同时的婚礼上，唯独你悄然而落，在一个轻风扑面的早晨。

水稻，花序

稻，禾本科稻属。别称水稻。原产中国。五谷之一。中国已有7000年栽培历史。有籼稻与粳稻之分，糯稻和非糯稻之分，旱稻和水稻之分。

高粱，正在灌浆的群落

高粱，禾本科高粱属，起源于非洲。考古发现，在非洲有超过10.5万年的食用历史。也有学者认为，中国也是世界高粱的起源中心之一，有5000年栽培史。高粱的农艺品种繁多。膳食、酿酒、制糖、药用、牧草、炊具，都有高粱的贡献。

稗，花序

稗，禾本科稗属。常伴生于稻田，就像狗尾草伴生于谷（粟米）地。

古代有稗官一职，是个专门给帝王讲述街谈巷议、风俗故事的小官。

瓠子，幼果

瓠子，葫芦科葫芦属。一年生草质藤本。与葫芦不同之处在于，果实粗细匀称呈圆柱状，直或稍弓曲，长可达60~80厘米。长江流域一带广泛栽培。果实嫩时柔软多汁，乃蔬菜中的上品。

梓

梓，紫葳科梓属。大乔木。桑梓之梓。原产中国。古人常以梓木烧炭、制琴，尤其用来雕版印刷，所以有"付梓"一说。

野西瓜苗，全株

野西瓜苗，锦葵科木槿属。一年生草本。叶似西瓜苗，故名。但并非野西瓜的苗，跟西瓜、野西瓜完全不搭界。原产非洲。别称香铃草、灯笼花、小秋葵。

李子，果枝

李，蔷薇科植物。原产中国，有3000年以上栽培史。是充满文化优势的树种。诗经大雅之《抑》，有"投我以桃，报之以李"，那情意简直比李子的味道还要浓郁。古时常常桃李并称，是汉语里"隐喻"的大家族。没有桃李，我们很难想象中国的诗词歌赋会是什么样子。

栾树

栾树，无患子科栾属。栾树在北京花开两次。夏花绚丽，边开花边结果。秋花如锦，边结果边开花。

梧桐结果

好像小船一样的蓇果垂挂在枝头，豆子一样的种子就结在船舷上。

— 第十四章 —

处 暑

8.22—8.24

《月令七十二候集解》说："处，止也，暑气至此而止矣。"处暑三候，"一候鹰乃祭鸟"（老鹰开始大量捕猎鸟类）；"二候天地始肃"（天地间万物开始凋零）；"三候禾乃登"（五谷开始成熟）。烈日炎炎的夏天就要过去了。稼穑在野，丰收在望。本来是好光景来了，而里尔克在《秋日》一诗中却说：现在没有房子的人，就不必建造。现在孤独的人，将长久孤独下去。或许诗人预感到的是，天地肃杀之气，亦将随之来临。人来不及做的事情，万物正在循序渐进，无有耽搁。

处暑的诗

处暑

云和雨是自然的事。云雨同样是自然的事
该打雷的时候打，不该打雷的时候也打

依旧是自然而然的事。我们刚从山上下来
一些人正好要上去，就像此地栾树结果

而更北的北方开着金色的花，一贯正确
节气只管节气的转动。我们只管看天吃饭

枣子红了就等着收拾吧，谁叫它赶上了
谁叫它夜深人静又叫起来。疼是骨子里的

不疼什么也不是。仿佛星星点点的灯火
跟已知的人间毫无共同之处。笔直的道路

走不了多远，尽管看上去那是一条捷径
我们似乎忘了，走弯路的人才目睹了世界

荒野就像一个先知

幸福的人慌里慌张

借了一块橡皮回来

白纸上的黑字戳破了时间

四周只有空旷

我还记得

早晨在锋利的草尖上洗手

拔节声中倾洒的露水

洗净了打碗花

还有我们不在一起的回忆

收藏的果子噼啪作响

九月正午的太阳

给盖了半截的房子搭上一道横梁

谷穗的影子足够结实

山里的村庄

让一口水井问了出来

而荒野就像一个先知

在远处你会相信

在近处等你领悟

幸福这件事

我想告诉你幸福这件事
特别啰唆。很久之后
木头从木头里暴露出来

一片时间的水洼里
只有你没用过的时间

大地的风声和一串鸟鸣
分别给了我和黑夜
编织的技艺仿佛失传了

架上的葫芦和豆荚
带来满是瓜葛的事物
有结果的，有不结果的

星星看上去紧挨着
却漫无边际。你来了
那么远说话我都那么清楚

雷雨之夜

我听青衣唱白蛇传
多么安静多么冷
荒野里的虫子也有翅膀

一个手持照相机的人
在太阳下四处寻觅
龙葵发黑的果实

窗子突然闪烁
多么冷多么安静
金色的树叶摇晃着

马褂木高过马褂木
在开始的春天里
我想起每个角落的萝藦

飞过来好像风的源头
你在溪水的旁边
蒹葭开花一直到冬天

山莴苣

暴雨不是刷子。山莴苣的新叶
很快来到灰色的反面。秋天毫不含糊

在屋檐下占卜，在屋顶上清理缝隙
龙葵和凤仙拉开的屏障，像节气

覆盖天空的三个角落。唯有云朵收窄
河流和玉米的田垄。乳汁沿着根茎

哺育将来的婴儿。摇晃的山莴苣
给生菜陌生的知识。给茼蒿和菊花

放在一个篮子里。虫子们各自散去
准备吃药的蝉蜕突然闪烁，仿佛征兆

和告诫密不可分割。暴雨顺势而下
山莴苣老了，好像都忘了下山的理由

萝藦：芄兰之支，童子佩觿

萝藦长在唐代药典里曰萝藦，生在诗经里名芄兰。
一个神秘而禅意十足。一个妖娆而诗意满满。
诗经里引人遐想的芄兰，
一定是先民看到了秋日里又开花又结果的萝藦了。
萝藦的菁葖果，与古代解绳扣的角锥很相似。

《诗经·卫风·芄兰》
"芄（wán）兰之支，童子佩觿（xī）。
虽则佩觿，能不我知。"

芄兰都开花了，你也长大成人了。
看你还戴着那么美的玉觿，怎么就不知道我的心思呢?！

萝藦的蓇葖果日渐成熟，即使稍稍碰到果实，乳汁状的白色黏液就会冒出来。所以萝藦在民间还有个俗名叫乳浆藤。

到了晚秋，叶子由绿而金，果实由青而黄。蓇葖果在强烈的阳光下会爆裂，种子就可以飞了。

萝藦就是芄兰，芄兰就是萝藦。小时候，台阶下。长大了，屋顶上。花开藤蔓，结果立现。

芄兰缠绕着生长，有心结也一定可以解开的。

叫萝藦的时候，芄兰会什么想呢？

狗尾草：谷子的前传

在五谷中，稷就是粟、谷子，粱。在中国有7000年栽培史，与狗尾草同归于禾本科狗尾草属。禾本科植物来到世界主要是给分类学家找麻烦的。全球有一万多种，中国1200种左右。衣食住行都离不开。

狗尾草，是粟的前生。要是没有狗尾草，也就没有小米了。而没有小米，后果很严重——古代农业就少了一大块收成。小米虽说厉害，但不如狗尾草厉害。简单说，是狗尾草打了天下，小米跟着就来了。如若没有狗尾草，穷人连小米粥都喝不上了。

《诗经·小雅·大田》里有"既坚既好，不稂（láng）不莠（yǒu）"之句。坚与好，是说谷粒饱满了，稂是狼尾草，莠是狗尾草。本指禾苗中无野草，后比喻人不成器，不像稂也不像莠，没什么大出息。狗尾草若从植物文化史上看，确有与它的名字不一样的光芒。

似乎可以说，有人居住的地方就有狗尾草。生命顽强，四季不息。赶不尽也杀不绝，是因为有风和蚂蚁播撒种子。

它们仿佛专为孩子们的喜爱和玩耍的天性才从地里冒出来的，是写在田埂上的童话。树丛里长了尾巴的植物，变魔术一样变成了毛毛狗。狗尾草还是点着灯的笔，施了魔法似的，怎么写怎么有。黑夜看了一定躲在窗后面，是不敢轻易靠近它的。

狗尾草，花序

狗尾草，禾本科狗尾草属。一年生草本。狗尾草生了小米之后，自己好像也忘了这件事。继续过狗尾草安生的日子，只要它离农田远一点，离人也远一点。

金狗尾草，花序

金狗尾草，禾本科狗尾草属，一年生草本。作为草药，有明目之功效。也不枉叫金狗尾草啊！金狗尾草和狗尾草是表兄弟。一个直直的，明亮率性。一个低头无语，预感秋之将至。

狼尾草，群落

狼尾草，禾本科狼尾草属一年生草本。狼尾草属也许没狗尾草属那么幸运，但比狗尾草属多了一份自在，因为无须人类特别照顾，有雨来有风吹就好。禾本科几乎都是风媒植物。

虎尾草，群落

虎尾草，禾本科虎尾草属植物。原产非洲。虎尾草喜欢在屋顶上生活，不喜欢狼尾草也不喜欢狗尾草。是良药，头痛医头，脚病医脚。

水杉，雄花

杉科水杉属。中国特有。落叶乔
木，高达35米。球花单性，雌雄
同株。有植物界的大熊猫之美誉。
水杉的雄花太低调了，好像没有开
花这回事一样。

水杉，雄花

在水杉发现以前，古生物学界认
为，水杉只存在于化石之中。
1941年冬，中国植物学家在四川
与湖北交界的一个叫磨刀溪的小山
村发现了野生水杉。1948年5月，
经植物学家胡先骕、郑万钧确认、
命名、发表，轰动世界。有媒体当
时报道说，"发现活水杉的意义至
少等于发现一头活恐龙"。磨刀溪
的古水杉，被当地土家族原住民奉
为神树，曾在水杉古树旁建有寺
庙，供人祭拜。有的古水杉树龄超
过400年。在水杉不为外界所知的
时候，原住民对水杉的保护，功不
可没。

苦瓜，幼果

苦瓜，葫芦科苦瓜属。一年生草质攀缘藤本。原产印度。
明朝初年引入中国南方地区。苦瓜俗名凉瓜、癞瓜。

鹅绒藤，果藤

鹅绒藤，萝藦科植物。我叫她"小萝"。是萝藦的小表
妹。冬春时节，种子从开裂的蓇葖果飞出，可以从江南
飞到海北。有风有雨就有鹅绒藤生生不息。

小苦瓜，成熟的浆果

小苦瓜为苦瓜的变种，也称金铃子、锦荔枝。看这
名字就知道是岭南的叫法。小苦瓜，成熟果为橙黄
色，不苦且甜，嫩果食用方法同苦瓜。

苦蘵，果枝

苦蘵，茄科酸浆属。一年生草本。苦蘵，南北广
布。北京郊野，随处可见。

《尔雅》郭璞注："蘵草，叶似酸浆，花小而白，
中心黄，江东以作菹食。"由于"家族相似"，苦
蘵和酸浆常常会被错认，也是情有可原。李时珍认
为，酸浆与苦蘵同类，"大者酸浆，小者苦蘵"。

酸浆

酸浆名字的来历很有意思。古人在饮茶前先饮"浆"。
浆是介于水和酒之间的一种饮料。水是天然品，浆是加
工品。酸浆这种植物果实的味道与浆这种饮品的味道类
似，于是就被命名为"酸浆"了。

假酸浆，花枝

假酸浆，原产南美，明代时从秘鲁传入中国。从中国东北到西南地区，逸为野生者，天边路边，随处可见。

假酸浆，果枝

假酸浆，模样像酸浆，故名。

南瓜，雄花蕾

南瓜，葫芦科植物。南瓜起源于中南美洲。南瓜栽培历史超过6000年。在中国元末的《饮食须知》中已被记录，大量栽培食用，应在明朝中叶。在美洲，经过改良的南瓜品种，个别单瓜已超过400千克，令人叹为观止。

南瓜，幼果

南瓜不仅营养丰富，而且保存持久，秋天成熟一直可以存放到翌年春天，有"穷人的菜窖"之称。

南瓜，卷须

南瓜卷须是藤的变态。植物通过卷须攀缘他物牵引自身而上升，争取阳光。南瓜卷须有3个分叉（4个分叉也有）。从手性上看，三叉卷须，左旋和右旋一般为交错排列。据我猜测，造物主如此安排更有利于从不同方向上"抓住"被攀缘物。作为栽培植物，卷须的作用事实上已经不那么紧要了。植物的自然生长被"切换"到人工服务。就是说，植物怎么生怎么长，已加入了人类的意志。绳子的牵引代替了卷须的自然缠绕。

地肤，群落

地肤，藜科地肤属，一年生草本。俗称扫帚苗。在北方农家，地肤长大了就是个打扫场院的扫帚。而地肤常常躲在田间，与庄稼为伴，若想用地肤打扫可没那么容易。

牵牛，枯萎的花

牵牛的小喇叭只会广播一个早上。如果是阴雨天，小喇叭花会多陪你一会儿。

牵牛，幼果

牵不走的有了结果，只有牵牛和牵牛分不开。

盒子草，落果

盒子草，葫芦科盒子草属。成熟的果实会像盒子盖儿一样打开。小小葫芦里装着两粒药：清热解毒，疗治蛇伤。

盒子草，幼果

盒子草也是小葫芦。与葫芦不同的是，它的药不藏着，到时候就打开了。别的葫芦里藏了什么，盒子草自然心中有数。

紫萼，花序

紫萼，百合科玉簪属。是常见的玉簪花的近亲。

韭菜，花序

韭菜，百合科葱属。韭菜开花那么美，就好像跟韭菜毫无瓜葛似的。有栽培，品种多。有野生，不罕见。

茜草，花枝

茜草，茜草科茜草属。一年生草质缠绕藤本。叶轮生，根须红色。《诗经·国风·出其东门》云："虽则如荼，匪我思且。缟衣茹藘，聊可与娱。""茹藘"即茜草。茜草还是一种历史悠久的草木染料，色阶可以从浅红到深红。古人给丝绸染色，用的就是茜草。

薏米，果穗

薏米，禾本科薏苡属。俗称苡米、回回米、晚念珠、六谷。原产亚洲。自古以来就是粮食和药材。

枣，叶与花

枣树，鼠李科鼠李属。通常花期5-7月，有时因气候原因和环境原因，8月也会少量开花。

柿，幼果

柿，柿科柿属。原产长江流域。中国柿树栽培品种有800种以上。栽培历史悠久。有甜有涩。青涩这个词儿，就为眼前这个柿子量身定做的。

白露

9.7—9.9

　　天气渐凉，露凝草木。自从有了"蒹葭苍苍，白露为霜"，白露成了汉语中最凄美的意象之一。杜甫思念亲人的诗句"露从今夜白，月是故乡明"更是妇孺皆知。《月令七十二候集解》上说："水土湿气凝而为露，秋属金，金色白，白者露之色，而气始寒也。"古人对自然现象的观察与解释自有其道理。白露前有处暑，后有秋分，正是天气渐凉的转折点。

白露 的诗

白露

读白露的书，读草尖已经枯黄的书就像读
命运的书。读写在星星空隙间漆黑的书

读不断消失的时间里，流水旋转然后远去
阵雨按时结束，不像啰唆的故事的尾巴

读石头打开的纹理，尽管曲折但层次分明
云朵擦过的天空，读纯粹的蓝色和幻觉

读早上的雪松，每个枝丫都是另一棵雪松
读嫁接过来的柿子，在大风中摇个不停

读你读过的湖水，那么深读过之后更深了
仿佛还没有读到底。读虫子吃过的树叶

所有漏洞不是盲目的。秋天已到了末尾
等一场大雪，读所有禁止读也照样读的书

是镜子里不能碰的花朵 ☁

是镜子里不能碰的花朵，打碎了
不能碰的镜子。面对面的恩怨

总有千山万水挡在那儿，说
听也听不见的话。等我绕道而来

一场大雪在埋葬。化不开的冰
装满了火车和田野。一个人醒着

黑暗，把一块硬币塞给了喉咙
谁的叫声抹去了眼泪和尘埃

不能碰的镜子，打碎了冬天的雪
冬天抱紧的枝条，只有风吹

只有你在那里，护着千山万水
就一会儿，世界看见世界的模样

很快到了今天 ☁

很快到了今天
很快是一匹年轻的马
很快从年轻到了更年轻的地方

那里一片寂静也很快
铺满荒原上的流水
很快在那里发出一阵呼啸

尽管遥不可及
还是很快过去了
很快到了今天

到了未来的时日
很快落叶都回到树上
一个个结果看着花开很快

很快到了今天
到了我们遇见的那一刻
一切都那么慢要等那么久

蒹葭

是一条大河停止不动
是一片蒹葭没顶汹涌

在桥上走了三遍
有一回我紧擦着栏杆

漆黑的种子落入荒地
荒地的种子翻找时间

道路的岔口一遍遍张开
不相信的青草相信了秋天

仿佛一个人站在花穗上
没有风也没有落叶

野葛

如此纠结的植物覆盖石头，就像世界要衣裳
井水要万丈绳索，四季要无偿轮换的口袋

而你要豆荚说出秋日的来历，在老林深处
长出我们祖先的食粮，长出无尽的炊烟和力气

仿佛采药人浑身的伤痛蔓延开来。赤脚的仙子
赤脚的流水，是早上叫起来的喜鹊叫我们

重新打开窗子。透亮的树叶藏匿完整的枝丫
好像仔细的肋骨在敲打中渐渐隐去，只是词语

只是乌鸦的影子在群山之上划过。如此纠结
仿佛头巾裹住的疼无法缓解。粗壮的根块

继续向下伸展，大地的精华将被冬天收下
来年的雨横挂在紧密的枝上，或有三千年之久

蒹葭苍苍

芦苇，禾本科芦苇属水生植物。中国人认识和使用芦苇有7000年的历史。古人名之曰：蒹葭。"蒹葭苍苍，白露为霜。"自诗经以来，"蒹葭"已经演变为中国文化脉络中不可或缺的胜景。

蒹葭之词仿佛婉约凄美的佳人，而芦苇之名像苍茫隐逸的高士。名有别，物随之而变。植物学尽管分类，诗词家自说自话。换言之，分类学家丝丝入扣，都明白芦苇指的是什么，诗人才不管呢。

江南有些地方叫芦花为"秋雪"，晚秋时节，茫茫飘摇的芦花，的确宛如雪景。杭城西溪有秋雪庵至今犹在。"有花皆吐雪，无韵不含风"（晚唐诗人翁洮诗句），道出了风中芦花与雪之间的神奇关联。

古人云，"三分秋色一分芦"。一个不见芦花的秋天对文人雅士而言总是少了诗意。好在芦苇遍布南北。河渚湿地，三季摇曳。野生的草，水生的花，在中国的诗词绘画中应运而生，浩渺无边。

芦苇茫茫，蒹葭苍苍。

在水的那边叫蒹葭，在蒹葭那边叫苍苍。

我想告诉你，风吹过的芦花，才真的是芦花。

秋日到了，白露白了，要命的人啊你藏在何方

会思想的芦苇，也会想到芦苇吗？

海棠：花已结果，果然美妙

春花犹如少女婀娜，结果仿佛少年翩翩。海棠之果实，有的可观，有的可食，有的可以是琼琚。

西府海棠，蔷薇科苹果属植物。苹果属的海棠，在古书上叫柰。早在南朝梁武帝时期成书的《千字文》里就有"果珍李柰，菜重芥姜"。古人觉得李子和柰子在水果中如同芥末和姜在厨房里一样要紧。也有地方，把沙果、花红和李子叫柰。倒也靠谱，因为这几样水果可以说是苹果属里的小苹果。白露时节，果实累累，枝条低垂，风中轻摇。果实可以生食，酸甜口味，也可做果酱、蜜饯。

垂丝海棠，果如珠玑，又像枝丫间挂满了小铃铛，或许是风声盖住了铃声，秋日白露之寂静，悠然而至，戛然而止。

贴梗海棠，蔷薇科木瓜属植物。贴梗海棠，也叫皱皮木瓜。可以生食。产妇宜食，有催奶作用。贴梗海棠结果多者，往往是药用品种。药用者最佳者，产自宣城，名之曰"宣木瓜"。

木瓜，蔷薇科木瓜属，小乔木。木瓜属的海棠，与热带水果番木瓜并无瓜葛。如果说"有关系"的话，也常常是被混淆关系。一个是蔷薇科，一个是番木瓜科。

木瓜果实熟透后呈金黄色，果皮有白霜溢出。笔者在山东菏泽北部的鄄城（春秋时代的卫国境内），见过最大的木瓜单果足有1.5千克之重。北京地区所见木瓜较小，多为500克左右。木瓜干果，坚硬如硬木，长期把玩，表面会有包浆，令人爱不释手。古人命名为木瓜，不仅名副其实，而且惟妙惟肖。

木瓜别称"楙"（《尔雅》），"木瓜实"（《别录》），"铁脚梨"（《清异录》）。《诗经·卫风》有《木瓜》之诗。"投我以木瓜，报之以琼琚。匪报也，永以为好也。"以木瓜为信物，传神又传情。木瓜也因此成了美德与爱的一个隐喻。

青木瓜，若放置室内一角，则满屋暗香，可长达数月，不溃不腐。木瓜海棠花香淡然，原来香气都留给了硕大的果实。有奇香，且持久，不张扬，难怪可以换来美玉。

种瓜得瓜，种树也得瓜。长在树上，落在心上。结结实实，无有不好。

西府海棠，简直就是白露海棠。

博物学家很早注意到，西府海棠非野生，是人工培育的结果。

垂丝海棠，果实

垂丝海棠的观果最佳时期也在秋分之后。随风而动，时光如昨，转眼间，花已结果，果然美妙。

贴梗海棠

贴梗海棠号称"百益之果"。贴梗海棠因杂交而产生的园艺品种，果实较少。无果柄，看上去就像捆扎在枝头一般。

木瓜成熟果实

木瓜果实熟透后呈金黄色，果皮有白霜溢出。

鸭跖草

鸭跖草科植物鸭跖草属,一年生草本植物。

草药,南北随处可见。有翠蝴蝶之雅号。

她那一抹梦幻之蓝,今人过目不忘。

他们都叫你碧竹子、翠蝴蝶,我看你是野草丛中若隐若现的小天使。

你在明处,即便世界在暗处也是亮的。

葛

葛，豆科葛属。别称野葛。根、茎、叶、花均可入药。古人利用葛之茎皮纤维织布、编绳、造纸。葛屦、葛衣、葛巾均为平民服饰。块根含淀粉，可制葛粉或酿酒。在南方一些山区，至今仍以烤葛根为美食。

《诗经·魏风·葛屦》载，"纠纠葛屦，可以履霜。掺掺女手，可以缝裳"。《韩非子·五蠹》云，"冬日麂裘，夏日葛衣"。可见葛之利用的情形。由于根藤单纤维较短，无法精加工，逐渐为大麻、苎麻所取代。

稷

稷，禾本科黍属。别称糜、黍子。一年生栽培草本。

中国最早的栽培谷物之一，谷粒富含淀粉，供食用或酿酒，秆叶为牲畜饲料。品种繁多，大体分为粘或不粘两类。《本草纲目》称，粘者为黍，不粘者为稷。民间又将粘的称黍，不粘的称糜。稷米富含淀粉，可食用、酿酒。需要说明一点，稷在植物分类学上，并非传统的五谷之一。古人所说的"稷"是粟（谷子、小米）。古人有古人的造化，植物学有植物学的依据。

瓠瓜，成熟的果实

瓠瓜，葫芦科葫芦属。俗称瓠瓜。与葫芦的主要区别在于，瓠果扁球或圆形，直径可达30厘米以上。《红楼梦》里贾宝玉曾说："任凭弱水三千，我只取一瓢饮。"那一"瓢"，就是这一瓢。

红蓼，花枝

红蓼，蓼科蓼属，一年生草本。也称荭草、红草。在《诗经》里叫游龙。白居易曾有句："秋波红蓼水，夕照青芜岸。"李时珍说："此蓼甚大，而花亦繁红，故曰荭。"

红蓼，花穗特写

《诗经·郑风·山有扶苏》："山有乔松，隰有游龙，不见子充，乃见狡童。"诗中"游龙"即红蓼。可高达2米，在风中如"游龙"。隰，湿洼之地。"隰有游龙"，虽是起兴之笔，却也道出了红蓼喜在水边生长的植物学特性。

蒺藜，花枝

蒺藜科蒺藜属。一年生草本。花期5—8月，果期9月。胡同里的娃娃们都叫它蒺藜狗子。欺负光脚的，不敢惹穿鞋的。

木槿，果枝

木槿，锦葵科木槿属，小乔木。

雪松，雄花

雪松，松科雪松属植物。高大乔木。原产喜马拉雅山麓。雌雄异株。雄花秋末抽出。

构树，果与叶

构树，桑科构属。小乔木。构树有时候生圆叶，有时生裂叶。有时候圆叶裂叶相间。造化使然，不足为怪。构树不想迷惑任何人，构树甚至迷惑不了鸟和昆虫。它们来了就吃，吃完就走。

东北红豆杉，成熟的种子

东北红豆杉，红豆杉科红豆杉属。灌木状或乔木。叶有毒。种子的红色假种皮，微甜可食。就像银杏树的种子一样，裸子植物只结种子。银杏的种子尽管叫白果，但白果不是果，没有果肉，只有种皮。

第十六章

秋 分

9.22—9.24

秋分四野，日夜等长。这节气就像叶脉那么准时、那么清晰、那么对称。万物一物，一物万物。风吹一草，叶落一树。桂香满城，采菊东篱，国槐结果，黄粱非梦。有用的，看用在何处。没用的，看看也好看。石榴满树，枣子殷红。一粒麦子钻到泥土里发芽，来年就是许多麦子。一片树叶盖住一棵树的光阴。时候到了：不分东西，不分南北。

秋分 的诗

秋分

恰如万物公平山水无咎的时刻。黄历不老
马鞭草和乌桕的种子不老。一个和十个

一个和一万个，可以说少了不少多了不多
雷的种子埋在雨中。被甜玉米暴露的人

奔走在长城内外。紫色的蛇葡萄在风中
紫色的蜀葵也毫不怯懦。不偏不倚的太阳

给这一天打开唯一的道路。不为轮回所限
鸪鸟飞过水杉，听满树的羽毛透着风声

荻花朝着一个方向才是荻花。水已落下
四野蓬勃，庄稼年年如此而今年好像不同

当你沉默不语，云朵沿河流淌节气出现
毫无保留的秋天，一匹马长啸一匹马低头

雨的秋天

甚至给了我一场大欢喜
在你看不见边际的时间上
也有一场雨落在落叶之前

缠绵如此正确如此
仿佛万物走在半路上
找不到我找不到一个人说话

雨落在整齐的雨声里
果实落在不放心的水中
窗户打开听着窗户的动静

明月照样在高处
明月在低处也照样
不关心谁关心了苏轼和婵娟

芭蕉那么响亮
隔着一个黑夜的桂树
传出一阵阵被砍伐的回声

雷在草木间撒手
雷在屋脊上劈开雨滴
提醒了这个季节不断闪烁

可以这样可以那样
也不等我们答应什么
这个雨的秋天就都答应了

时间开花了 🌀

仿佛白露之后满院的桂香。影子说话
虎尾草说话，树上的葫芦提起来不出声

出声就会揶我们笑我们。时间开花了
结果在前面，又惊又喜却只有一次

风声响彻屋顶。干干净净的字句
隐去了两片树叶。田垄上的野莴苣

不知道摇晃的玉米为什么。不知道秋天
从哪一天开始。荞麦和高粱在山两边

鸟儿们知道收成怎么样。只有你来过
从雨的滴答里清点新的事物。白露之后

大地上的工作行将结束。造拱圈的人
用不上石头，而石头配得上每一块废墟

在我这里

永远也是一声嘀嗒一秒也是一万年
在我这里。永远是露水的春天
蒹葭的春天。在我这里

就好像四月的门，对着四月的牡丹
在我这里。永远是最近一棵树
开花开了窗，开窗开了花儿

就好像琥珀的珠子，蜜一样的珠子
在我这里。永远是流水的永远
清澈的枝条，清晰的叶脉

就好像无患子的根苗静悄悄生出来
在我这里。永远是命里的珍宝
比什么都要紧，比什么也不要比较

就好像水边缠绕的萝藦你唤她芄兰
在我这里。永远是高飞的云朵
下雨下在雨中打雷打出闪电

就好像一颗盐干干净净晒蓝了大海
在我这里。永远是涛声荡荡
传奇在流传，珊瑚在镶嵌

就好像一场梦穿过你我的前世今生
太阳冉冉，永远从后面照耀群星
自然在初心上，初心在万物上

小麦藏在青稞里 ～

如果没有地上的篝火，成群的星星
就是散落的砂。石头和野草不会相识

更不会突然生长。寂静无人的夜无人的
黎明，用风的力气抹掉野兽的力气

天空和对面的山峦必然碰撞。而越野车
大漠上发动时间和奔跑，骆峰和垭口

早已重合，时间的敌人已经杳无踪影
仿佛青稞跑着跑着熟透了，金子一样

熟透的石头就是金子。要是金子熟透了
我就不知道说什么才好。甚至不知道

语言的核心是透亮的。小麦藏在青稞里
活下来，麦芒星芒混淆了你也会看见

紫菀的姐妹们

世界紫菀日，9月27日。

紫菀属于菊科植物。菊科植物全球约有1000属，约25000种，其中紫菀属约有1000种，中国约有100种。可见紫菀在菊科家族的势力之广。紫菀属内的植物，对很多专业工作者也是严峻的考验。万物的到来，一定不是为了让人分门别类的。

天地有大美而不言。小小的紫菀，个个似乎都是乔装打扮的高手，唯恐被人识破似的。不仅躲避在草木丛里，也藏匿于紫菀的本性之中。

紫菀，从隔年的枯叶里钻出来

紫菀，菊科紫菀属。这片只剩下叶脉的枯叶，乃是经过整整一年风吹日晒之后大自然的神奇之作。透过卷曲的枯叶，紫菀如戴着面纱的新娘。而这一层"面纱"是加拿大杨馈赠的礼物。没有任何摆弄，唯有小心翼翼摄取到我的镜头里。正是秋分时节，风吹响了高大的加拿大杨。尽管是十多年前的场景，当时在树下遇到的惊喜，依旧历历在目。

狭苞紫菀，全株

狭苞紫菀，菊科紫菀属。狭苞紫菀是比较稀有的一种紫菀。摄于甘南藏族自治州。四周草木繁茂，溪水清澈，不急不缓。在下山途中，已是黄昏，光线黯然，而紫菀的沉静之美，依旧叫我屏住呼吸。

马兰，花序

马兰，菊科紫菀属（也有分类归于马兰属），俗称马兰头、田边菊、路边菊、蓑衣莲。我也喜欢叫她路边菊。路上看见，秋天就到了。全草入药，嫩叶可食。

荷兰菊，花序

荷兰菊，菊科紫菀属。别称纽约紫菀，但跟荷兰没多大关系，跟纽约关系也不大。园艺品种。

桂花

桂花，木樨科木樨属。别名木樨、岩桂。原产中国西南地区，栽培历史悠久。晋代博物学家嵇含所撰《南方草木状》载："桂有三种：叶如柏叶，皮赤者为丹桂。" 这是最早给桂分类的记载。

桂花是传统十大名花之一，深受人们喜爱。在长久的自然杂交和人工选育的过程中，产生了众多的园艺品种，如丹桂、银桂、金桂、四季桂。

自屈原以来，历代诗人咏桂诗词不计其数。清代吴骞《扶风传信录》有句："井上碧梧惊叶落，苑间丹桂泻香空"，物候准确，形神俱佳。

著名香料和药用植物。少了桂花的秋天，秋天就像白来了一趟。这样说来，天堂之城杭州，真是有福了！而桂林的桂香更久远也更耐人寻味。

枯莲叶

落花落在莲叶上
莲叶的叶，莲花的莲
你或许不知道雨的开始
却知道花一定落在雨的后面

莲子

好奇心就是这样冒出来的
坚果还不够结实
太阳还不够猛烈
风还不够轻不够我们冥想

粟，果穗

粟，禾本科狗尾草属。别称粱（名医别录）、狗尾草、黄粟（广东），小米（黄河以北各地），谷子（中国植物学）。在五谷中称稷，乃五谷之首。一度让我震惊的是，粟在岭南某些地区，居然也叫狗尾草，太邪性了。细想呢，也许更接近真理：粟，本来就是从狗尾草丛里"冒"出来的，叫狗尾草一点也不冤枉，而且还透着朴素和满不在乎的样子。

粟，成熟期

在秋日，在田头。是黄粱，不是梦。

小野荞麦，花枝

小野荞麦，蓼科荞麦属。产白云南、四川。摄于本种模式标本采集地云南洱源。

薯蓣，藤叶与珠芽（山药豆）

薯蓣，薯蓣科薯蓣属。别称野山豆、野脚板薯、面山药、淮山药。其根茎也就是菜篮子里的山药。之所以有山药这个别称，跟中国的两个皇帝相关。据《本草纲目》记载，薯蓣由于唐太宗叫李豫，为避讳而改为薯药，又因为宋英宗叫赵曙，为避讳而改为山药。皇上总是跟薯蓣的名字过不去，真够折腾的。

藤三七，花序

藤三七，落葵科落葵薯属。别称落葵薯。原产南美热带。花期长久，却只见开花，不见结果。好在有珠芽可以繁殖。可食用，可药用。藤三七，花儿密。到霜降，才歇息。

乌蔹莓，果枝

乌蔹莓的果实很像野葡萄，但还是乌蔹莓。

葎草，藤叶与果实

葎草是一件棘手的事。还是别管了，它又没惹你。

乌蔹莓，叶

乌蔹莓，葡萄科乌蔹莓属。一年生草质缠绕藤本。看似不起眼的植物，却早在诗经国风里显山露水了。乌蔹莓是胡同里的土著，树顶墙头，风光依旧。若是认得，抬头即是。

别上当。乌蔹莓比较调皮，喜欢跟人捉迷藏。果实假装野葡萄，藤叶模仿拉拉秧。

葎草，果实

葎草，桑科葎草属，俗称拉拉秧。有结果的葎草，来年继续拉拉秧。

薄荷，花与叶

薄荷，唇形科薄荷属。著名的调味品植物。园艺品种丰富。幼嫩茎尖可做菜，全草又可入药，治感冒发热、喉痛头痛、皮肤瘙痒效果奇佳。是仁丹、清凉油的主要原料。

细叶沙参，花序

狭叶沙参，桔梗科沙参属。一年生草本。东北、华北山区广布。

地锦草

地锦草，大戟科植物。又叫血见愁、红丝草、奶疳草、奶浆草。一年生匍匐草本。有白色乳汁。茎纤细，叶对生，长圆形。花期7—10月，果实7月后渐次成熟。地锦草很像马齿苋，但不是同一科的植物。我很喜欢这种匍匐在地的野草和草药。到了秋末，梗和叶都是红色的，叫红丝草真是叫对了。

紫茉莉，花

紫茉莉科紫茉莉属。紫茉莉原产南美热带地区。与茉莉花非亲非故。有类似茉莉的味道。紫茉莉，花色丰富，有黄、白、红、粉和杂色。花开黄昏至次日清晨。卵果皱缩，黑色，地雷状，所以俗称"地雷花"。几乎是有人家的地方就有紫茉莉。

紫茉莉，花与果

紫茉莉俗名又称晚饭花，总是在傍晚的开花，就是喊你回家吃饭啊！她还有另一个芳名叫胭脂花，漂亮极了。

紫茉莉果实

紫茉莉，淑女的花，偏偏有个地雷花的绰号，谁敢惹啊！

石榴成熟了

石榴，石榴科石榴属。原产伊朗。汉代传入中国。没有石榴的胡同，就算不上真正的胡同。老北京四合院的标配是：天棚石榴树，肥狗胖丫头。

山楂红了

山楂，蔷薇科山楂属。也叫山里红。味酸。北方人看到山楂，就如同江南人想起梅子，生理、心理感受是一样的。

国槐，果枝

槐，豆科槐属。高大乔木。原产中国。《尔雅》称槐。唐代称宫槐。清末为区别从国外引入的洋槐（刺槐），始称国槐。《淮南子》上说，"老槐生火"。有学者认为，钻木取火之木，便是槐木。

荆条

荆条，别称黄荆，马鞭草科黄荆属。灌木或小乔木。成语"披荆斩棘"的荆便是本尊。

酸枣，果实

酸枣，鼠李科枣属。别称棘，"披荆斩棘"的棘。种子（酸枣仁）入药，镇定安神。果肉酸甜可口。

藊豆，花与荚果

藊豆，豆科藊豆属。南北朝时期开始栽培。有红白两种。豆荚有绿白、浅绿、粉红或紫红色。嫩荚作蔬菜。白花和白色种子可入药。

藊豆，通常写作"扁豆"，因为原名的笔画跟豆子一样，太多了。

赤豆，荚果

赤豆，豆科豇豆属。一年生草本。别称小豆、红豆、红小豆。南北均有栽培。可与小米煮粥、制豆沙。花开夏至，结果秋分。

本种与"红豆生南国"的红豆，不是一回事。那个惹人相思的豆子，学名海红豆，是20米高的大乔木。

绿豆，荚果

绿豆，豆科豇豆属。别称青小豆、菉豆、植豆、文豆。栽培历史悠久，《吕氏春秋》《齐民要术》《本草纲目》均有记载。黄河流域，可夏播秋收。岭南产区，可一年三熟。种子富含淀粉，可制绿豆粉丝、绿豆糕、绿豆粥、绿豆汤。种子、种皮、花、叶、豆芽等均可入药，清热解毒，消暑止咳。

—— 第十七章 ——

寒露

10.8—10.9

气肃而凝，露将结霜，菊有黄华。苦菜打下种子，雁来红也红了。金秋时节，豆谷入仓。北雁南飞，人在何方？梧桐摇落，万物收起。草木也要歇息。采菊东篱下，把酒黄昏后，心有安处，才是去处。北方的田野，似乎为冬天的到来铺平了道路。种子落地，百虫寂寥。秋天的尾巴，很快就要收起来了。好像一本历法之书，按照大地节令渐次打开了。

寒露的诗

寒露 ⌒

这便是寒露的后半夜。后半夜有九个指头
分不清的后半夜和星星，就差一个时辰

就差一声鸟翅的扑打。手在树叶上反复
驱赶阵雨和生灵。仿佛一匹黑马终于甩掉

拱桥和缰绳。这后半夜撕开的窗子
自行车挤满街道，枇杷正为来年开花

拿疼痛对付年轻的医师。一根抓住的稻草
不问旱涝也不问收成。后半夜突兀的山

沉浸在湖水中。好像无言的世界有了气候
拖拉机太远了分不清，是收割还是播种

陡峭的后半夜，少了一个石灰岩的台阶
少了一个下台阶的人，让陶潜拿不出凭证

树叶落在水上 ⌒

树叶落在水上。有的是梧桐的树叶
有的离梧桐很远。仿佛等了三个季节

一阵雨后树叶飞过。如同一阵雨
在不同的地方开花，开了很久很久

然后把果实牢牢裹住，尽管摇摆尽管
盘旋，有的是苹果的叶子有的不是苹果

这些树叶终究是树叶。而你是天空
我是一只笨鸟，像树叶一样落在树上

像树叶一样落在树下。等了三个季节
天空空了，雨打了一夜的梧桐

看树叶一遍一遍飞回来，看不同的树
抖擞倒影清澈的枝梢，叫我们准备过冬

此刻不是任何时候 ✍

此刻不是任何时候。此刻我要搭上一片树叶
一片树叶跟一条船并无瓜葛。此刻我乘风而来

要相信，风可以直接给一片树叶一棵树的力气
可以到很高的地方。你在风中无须任何摇摆

一片树叶经过四季足够结实，足够开花和收获
足够你掌握。大海和航行从来不怕暗流奔突

一片树叶和大海在一条路上。就像你和星辰
在一根马鞍藤上不断生长。木兰和玉兰的叶子

不由分说。谁能把一片树叶的两面交代清楚
就像叶脉那样，给一棵树印在一片树叶的背后

此刻，恐怕风声在荒野的灌木中徐徐前行
恐怕我早已醒来，看树叶却看见你梦一般降临

你睡在树叶上吧

你睡在树叶上吧。漆黑的寂静终于听见了
树上没有风吹。溪水里的石头不言语

亲生的女儿。春天开展的枝丫在屋檐下
梨花雪白的衣裳，衣裳雪白的梨花

都做梦去了。到处是栏杆一样整齐的影子
虎尾草的尾巴暴露。要命的不是数学

要命的人啊，给了我比命更好的一个
秋后遍地的黄金足够偿还。盈余的那一块

看你醒来。就仿佛多出来的时间在走动
火的种子发芽。在我劳作的字里行间

如果万物是一扇门，擦肩的恐怕只是万物
没有天地打量，你也不等我去去就来

西府海棠

海棠出西府，明月跟你一起来
热闹的集市上，杏花看不见桃花

杏花也看不见窗子。海棠出西府
雨打了芭蕉。盛夏的湖水满了

不满的那些人，没有答案是对的
爱，伪装成什么都不穿的妖精

吓坏了虚情假意的人。唯有你
花枝妖娆的春月，吹送细碎的云

从去到来，海棠一定在西府那边
抱怨这个世界，像张爱玲一样

满树无香红楼梦残。怎么会啊
西府要来人，而梨花要下一场雪

寒露荷塘

　　水滴在闪烁，寂静也随着涟漪扩散开来。貌似繁华已逝。其实呢，生机依旧。荷塘也要喘息，也要歇息。莲子已经收获，莲叶已经铺开。风吹过荷塘的时候，也吹过最近的兼葭和蒲草。

　　每年都有一个寒露，如同季节落下的一个果实。这果实是一片树叶，是一朵花儿，是一块石头从水里冒出来，是一片瓦离开屋檐，是一滴雨砸了一下手背，或者是云朵远走高飞，在此刻。

　　早上一个人在竹林边上发呆。风一动不动。远处，菊芋开着金灿灿的花。眼下，早开堇菜的种子暴露出来。柳树就是风，不要风吹也一样招展。间或几声鸟鸣。不是一只鸟，而是几只鸟在叫。但我叫不出它们的名字。

　　莲叶不必摇曳，因为水是靠得住的。这静谧的荷塘让人感到自足和圆满。即使只剩夏日故事的些许梗概，也依旧那么丰盛，看不出有什么萧瑟与枯寂。归根结底，莲藕才是源头、力气和主角。

　　寒露时节，真正不寒而栗的，一定是刚刚滑落水滴的草叶。

诗意盎然。荷塘寒露，秋后如画。

悠悠残荷黄昏，依旧华美如是。

你可看见滚动在莲叶上的寒露？

寒露荷塘，难道没有限制我们的想象力？

风吹残荷，无声有声。

还有来世，还有春夏。

金银花，忍冬花

金银花（忍冬），忍冬科，忍冬属。半常绿，缠绕藤本，双花生于叶腋，春秋两季开花，果熟为黑色，大小如大豆。

金银花原产中国。性喜阳，耐寒，秋末老叶枯落，叶腋又簇生新叶，凌冬不凋，故有"忍冬"之名。南北朝《本草经集注》载："处处有之。藤生，凌冬不凋，故名忍冬。"

金银花暗香阵阵，直教人心旷神怡。经观察，金银花多在日出时分花开，花色纯白。3小时后，渐变为青白、乳白、鹅黄。12小时后，金黄。24小时后，枯黄，不落。

每个人的观察也会因季节、环境、气候、品种的原因而不尽相同。或许这正是大自然给我们的启示。一物乃万物，万物一物也。

宋代《苏沈良方》中最早出现"金银花"之名，该书对金银花的本草性状描述也最为详尽："忍冬嫩苗一握，叶尖圆茎生，茎叶皆有毛，生田野篱落，处处有之，两叶对生。春夏新叶梢尖，而色嫩绿柔薄，秋冬即坚浓，色深而圆，得霜则叶卷而色紫，经冬不凋。四月花开，极芬，香闻数步。初开色白，数日则变黄。每黄白相间，故一名金银花。花开曳蕊数茎如丝，故一名老翁须，一名金钗股。冬间叶圆浓，似薜荔枝，一名大薜荔，可移根庭槛间，以备急。花气可爱，似茉莉、瑞香、甘草。"

金银花号称"草药中的青霉素"，花及嫩叶可泡茶饮用，有祛暑解毒之功。咀嚼其花，味如甘草，先甜后苦，其叶，味似萝卜叶子，稍苦，微辣。清代《植物名实图考》曾说："吴中暑月，以花入茶饮之，茶肆以新贩到金银花为贵。"东晋《肘后备急方》方剂："忍冬茎叶，锉数斛。煮令浓，取汁煎之，服如鸡子一枚，日二三服，佳也。"此处乃最早出现"忍冬"之名。南北朝《名医别录》有述："治寒热身肿，久服轻身，长年延寿。"

忍冬，花枝

有了忍冬花，人类的冬天还难过吗？

忍冬，花枝

开花极芬，香闻数步。芒种花丰，寒露花稀，莫不自然。

忍冬，接近枯萎的花序

忍冬，花开 24 时之后的形态

荻，群落

荻，禾本科荻属。别称江荻、荻芦、亮荻、野苇子、山苇子、假苇子、巴茅、巴茅根、大茅根、红毛公、卷毛红、狍羔子草。东北、华北山区广布。《诗经》以来，荻生山间，苇生江湖，本性使然，明白无误。

桦树

桦，桦木科桦木属。别称白桦树。在民间桦皮常用以编制多种日用器具。树皮可提取桦油。白桦是林中仙女，一旦看见了就走不出山林。在小兴安岭，在门头沟，每一次，我都迷路。

消失在胡同里的甘菊

甘菊，菊科菊属。多年生草本。甘菊与野菊在同一分布区内，有杂交现象。在紫竹院、香山，野生状态的甘菊偶有发现。从前躲在胡同里的甘菊已经消失了。

菊芋，花枝

菊芋，菊科向日葵属。多年生草本植物。俗称洋姜、鬼子姜、小葵花。原产美国，17世纪引进欧洲，再入中国。菊花是菊花，芋头是芋头。不搭界的两个，最后就是一个。菊芋字面上看，就是"开着菊花的芋头"。这个向日葵的小表妹，和向日葵一起从美洲漂洋过海，再到中国落地生根。而菊芋生的"根"确有异样，形同姜块，鬼头鬼脑的样子，又是从西洋传来的，所以民间起了个"鬼子姜"的名字，并无恶意。菊芋的块茎含有丰富的淀粉，是优良蔬菜，也是多汁饲料。块茎可制成酱菜，也是菊糖、酒精的原料。菊糖是治疗糖尿病的良药。

白车轴草

白车轴草，豆科车轴草属。别称白花车轴草、白三叶、荷兰翘摇。多年生草本。原产欧洲和北非。栽培常用于牧草、绿肥、草坪。

四叶的白车轴草

白车轴草，也有人叫作大三叶草。如果碰巧，也会遇见四叶的白车轴草。概率上与酢浆草相当。

早开堇菜，开裂的蒴果

晚秋时节，阳光下的蒴果，低着绿茸茸的"脑袋"，仿佛一声听不见的巨响过后，裂成了"三只角"，活脱脱一个"丁"字，一闪而出。从爆裂到全开，仅一刻钟的光景。你要是碰巧看见了，不怦然心动是不可能的。饱满的籽粒，有的被细风吹撒，有的让蚂蚁搬走，无论何处是家，都会落地生根。

龙葵，全株

那么小的一株龙葵，也是龙葵。那么冷的寒露时节，还开着花。

龙葵，果序

龙葵，茄科茄属。一年生草本。全国分布，随处可见。在黄河以北，从夏至到霜降，一直开花结果。龙葵成熟的果实黑色，生吃有辛辣味道。因为全株尤其是叶子含丰富的生物碱，作为野菜，必须煮熟方可。

海州常山，花

海州常山，马鞭草科大青属。别名臭梧桐。灌木或小乔木。

枸杞，花序

枸杞，茄科枸杞属。辣椒的远亲，马铃薯的小表妹。

鸡冠花

鸡冠花，苋科青葙属。俗称鸡髻花、芦花鸡冠、小头鸡冠、凤尾鸡冠、大鸡公花。原产非洲。花开如鸡冠，故名。

鸡冠花，白天黑夜都是安静的。鸡冠花开，每每让人想起黎明和劳作。

应该说，鸡冠花不是地里长出来的，是丝绸之丝绣出来的。仿佛旷远、云霞和古意铺满了紫色的天边。

黄鹌菜，花枝

黄鹌菜，菊科黄鹌菜属。从春至秋，花开遍地。幼苗可食，味道鲜美。

藜，全株

藜，藜科藜属。别名灰藋、灰菜。黎民百姓灾荒年救命的野菜。古籍《礼记》《本草纲目》《救荒本草》有载。

地锦，藤叶

地锦，葡萄科地锦属。俗称趴墙虎、爬山虎、红葡萄藤。木质藤本。经霜叶色似锦，故名。

虎尾草，果序

虎尾草的种子飞走了。来年会翘着尾巴再回来。要不怎么是虎尾草呢？

柿，浆果

柿子熟了，还是涩的。柿子涩的，才是柿子。由涩而甜，霜降以后。

玉兰，种子

玉兰爆裂的种子，落在地上了。
树在那里，种子在哪里呢？

栾树，果序

栾树的果实打着灯笼找你呢。

栾树，暴露的种子

蒴果成熟的蒴果裂为三瓣，每瓣有两粒大豆一样大的种子。如果仔细观察，树下常见栾树小苗，说明栾树的自播能力很强。

第十八章

霜降

10.23—10.24

气肃而凝，露结为霜，草木落黄。让人不禁想起陆游的诗句："枯草霜花白，寒窗月新影。"可见古人对物候观察感知的细微：霜，多在月晴之夜凝结草木之上。月照霜花、木叶枯草未尝不是一幅叫人心动的晚秋画面。

霜降 ～⌒

我用桃树叶写了霜降的诗
用波斯菊写了照耀
用银杏写了黄金和影子

用水写了秋天的安宁
用北风写了柳枝和摇摆
用山楂写了最后撞击的结果

用天空写了细雨
用石头写了大大小小的石头
用屋顶写了飞檐和瓦松

用松针写了光芒
用明月写了一个哈欠
用什么也不用写了到了时候

雨落在黄栌树上 ⌇

雨落在黄栌树上，红叶落在不断的雨中
香山在山顶等你来。等你不来的时候

马褂木和紫薇忍不住了。一些节气变化了
因为一些果实圆满。一些花儿看开了

像天空一样看开了云朵。草木回到秋天
秋天回到山冈，山冈回到石头的缝隙

荒野停在荒野的尽头，事物扎入根本
雨从水里起来，如同种子埋入深深的寂静

反正是两片一样的树叶，从这面到那面
可以听见的咔嗒声，甚至在千里之外

在到达之前，让槲树抖擞浑身的叶子
雨踩着树叶一样的脚印，你跟上不要停下

时间恐怕在树梢上 ⌒

时间恐怕在树梢上。别处的时间我不知道
比如黑夜和老虎的时间。一片梧桐树叶

一粒飞行中的萝摩的种子，枣木的纹理
少了几个偏旁的碑帖，依旧那么清晰

万物诞生，在我忽然遇到你的那一刻
或者公元前后，魏晋接过汉朝雨水的瓦当

太突兀太完美。仿佛第一棵石榴树在风中
摇晃众多的子孙。有时间的地方才有人

讨论断层里的昆虫和水杉。蓝色的星星
也不在头上，就像我跟你说过的那样

我的星星在草丛里。不是白露不是萤火
这一切由远而近，甚至不是马蹄铁的闪烁

霜打了秋葵

霜打了秋葵风吹开豆荚。就隔了一夜
豆子想着赶回去。不下雨不发芽的秋天

从无花果的枝上抽出来。因为祈祷者
透过金子一样隐约的树叶，早已经知晓

这个早上，像一万年酝酿的一滴露水
大海也没有留住。你看大海那么大

博学的人都是记忆累死的。一棵梨树
不用操心，结了多少果多少蜜多少虫子

一年生的蟋蟀草，不讲蟋蟀不讲道理
高粱那么高，太阳从低处斜插进来

让一些粮食变成酒，一些秸秆变成水
到了这步田地，不种什么都可以长出来

断壶 ～

葫芦到了该摘下的时候。葫芦的腰那么细
好像时间上下的水被扎住，不可以任其流淌

不可以讨价还价。你知道葫芦里什么都有
没有的开花接着就有了。藤在架上瓜葛不断

七月的溪水不断。八月的葫芦装满人间的种子
沉入荒野。浪迹天涯的人不知道伏羲和女娲

生出了大地的子孙。草木的世界不是草木了
结果和结果碰撞。滚过树顶的雷也是葫芦

穿越一道闪电的缝隙，如同天空打开了天空
万物的触须一阵阵战栗。这是季节的中间部分

葫芦的腰累坏了。葫芦的藤在狂风中那么紧
仿佛一句话可以打断，一句话也可以再度复活

霜降了，葫芦可以下来了

葫芦，葫芦科葫芦属。一年生草质藤本。中国栽培葫芦有7000年历史。葫芦是个大家族，约113属800种，大多数分布于热带和亚热带。

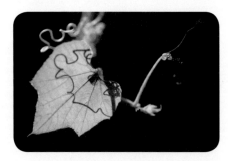

餐桌上，常见的葫芦科植物有葫芦、南瓜、冬瓜、笋瓜（西葫芦）、丝瓜、苦瓜、西瓜、哈密瓜、甜瓜等。在食用植物中，仅次于禾本科、豆科和茄科植物，其重要性不言而喻。

在《诗经》中，《邶风》云："匏有苦叶，济有涉深"；《卫风》云："齿如瓠犀"；《幽风》云："七月食瓜，八月断壶"；《小雅》云："南有木，甘瓠累之"。其中的匏、瓠、壶、甘瓠，均指葫芦。

葫芦结果多，与福禄二字谐音，在传统文化中有"多子多福"的美好意味。

"壶""卢"原本是古人盛酒盛饭的两种器皿，葫芦的形状和用途又与之近似，于是将"壶""卢"合为一词，作为这种植物的名称。久而久之，约定俗称，就成了"葫芦"。在中医药方上，至今仍保留"壶卢"一词。

李时珍在《本草纲目》中说："壶，酒器也。卢，饭器也。此物各象其形，又可为酒饭之器，因以名之。俗做葫芦者，非矣，葫乃蒜名，芦乃苇属也。"是以葫芦的功能为命名缘由。植物学家夏纬英先生在《植物名释札记》中说："原作壶卢，或单名曰壶……壶既葫卢，以形似壶状；'卢'，亦因形似而言。"

开着银色的花、易碎的花，
都是一些更早的早晨的事情。

一个躲在葫芦里的人看见了。
秋天是椅子，椅子可能是蒲团。

没有因为所以。这个世界好就好在，
结果出来了，你还没注意。

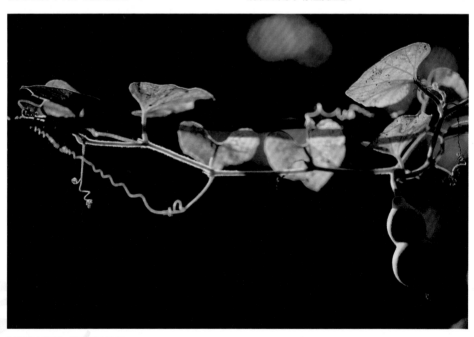

时光多么短暂，腰肢多么放纵。
秋日的风，钻研人类的骨头。

葫芦里什么都有。没有的也要有的。

葫芦里没有什么，我们偏想什么。

时间慢慢沉积下来，葫芦有了腰，有了分量。

答案摆在那儿，就等你把问题想出来。

野大豆：挂在藤上的食粮

野大豆，豆科大豆属。别称小落豆、小落豆秧、落豆秧、山黄豆、乌豆、野黄豆。一年或多年生缠绕草本。国家二级保护植物。

《尔雅》云："戎菽谓之荏菽。"《管子》载："北伐山戎，出冬葱及戎菽，布之天下。"说明栽培种可能源于"山戎"聚集地（山戎，春秋时代的一支少数民族，活跃在河北燕山一带）。

野生大豆演变为栽培大豆，发生在一万年内。野大豆分布中心及分化中心就在中国。野大豆是栽培大豆的"前生"，在分子生物学研究中也获得支持。

在阳光充沛的地方，野大豆是肆无忌惮的，很喜欢顺着芦苇、玉米秸秆攀缘而上。也有许多小灌木被它缠得伸展不开枝丫。爬得越高，豆荚越多。伏地生长往往掩盖在杂草丛里，结果就少。

各地的野大豆性状也不尽相同。有的豆荚如毛豆，种子饱满，豆荚长满绒毛。有的豆荚薄而光滑。还有的是半野生的野大豆，种子大小接近某些栽培大豆。

每每在荒无人烟处遇见野大豆，我的内心就充满安宁和对造物主的不胜感激之情。

要是没有野大豆，大豆就没有了来处，五谷就没有了去处。

野大豆的藤绕来绕去，生下了大豆给了人类，生下野大豆给了自己的后代。因为野大豆在，大豆不会孤单。要知道，野大豆不是为人类预备的，在人没到来之前，野大豆就是野大豆了。

人类只是碰巧在野大豆的地盘上繁衍、生长。

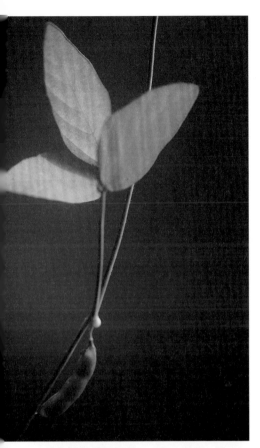

复叶三出，秋后金黄。

细柔的藤，其实并不脆弱，耐旱、耐寒。

野大豆的豆荚多是成双成对的。

挂在藤上的食粮，给了我们力气和未来。

很难说是野大豆缠着人生长，还是人缠着野大豆才有今天。

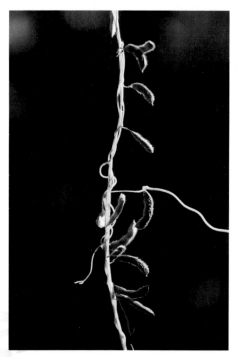

大豆说了："人啊，请你把野大豆照顾好。"

万物的馈赠，最是值得我们珍惜。

霜打芭蕉

霜降了。先是雨打芭蕉，然后就是"霜打芭蕉"了。

银杏，成熟的种子

银杏。一科一属一种。俗称白果、公孙树。地球人都知道，产于中国，无二地。宛若草木中的孤儿，所以必须茁壮、长寿、灿烂。特有的平行叶脉，叶形如蝶翅，铺地如黄金。银杏不是杏，白果也非果。形如杏子，但它没有果肉，只有种皮。作为第四纪冰川后最古老的子遗植物，如今也是世界著名的园林观赏树种。

紫薇，枝叶

仿佛颤音落在紫薇的叶子上。

山桃，枝叶

山桃树的叶子在秋光里也分外妖娆。

马褂木，枝叶

有些词就是给马褂木储备的。

比如灿烂、神奇和无言。

马褂木，枝叶

马褂木的叶子，马褂木的秋天，马褂木的诗篇。

依旧不如马褂木。

金叶白蜡树，枝叶

金叶白蜡树，木樨科梣属。落叶乔木。园艺品种。

山茱萸，果枝

吾爱山茱萸，结果美如是。

罂粟，蒴果

罂粟，罂粟科罂粟属。原产南欧。有些花大、色艳、重瓣的栽培品种，可供庭园观赏。未成熟果实含乳白色浆液，制干后即为鸦片。果壳也含吗啡、可待因、罂粟碱。药用有敛肺、涩肠、止咳、止痛和催眠之功效。种子可榨油。

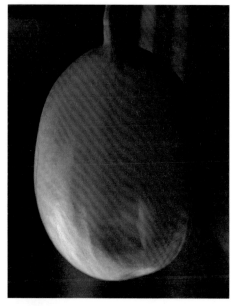

成熟的栝楼

栝楼，葫芦科栝楼属。别称瓜蒌。栝楼，意思是可以爬到楼顶上生长。看来是个瓜，吃呢就是药。

金银花，果枝

忍冬的金银花，金的银的；果是黑的。

苍耳，果枝

苍耳，菊科苍耳属植物。苍耳，可以说是"菊花"，而且是向日葵的远亲。苍耳的瘦果有刺，据说是进化使然，为的是方便种子粘连动物而传播。可是，也有的苍耳的果实几近无刺，不能传久传远，那岂不是被造物主抛弃了吗？

狗尾草，枯干的群落

狗尾草也要跟我们一起经历一个冬天。

山莴苣，果枝

山莴苣，也要有个结果，也要来年开花。

无患子，果实

无患子，无患子科无患子属。乔木。别称洗手果。果皮
富含皂素，宜于洗涤丝绸。

无患子，果枝

无有无患，来得正是时候。

杠板归，枯叶

杠板归，蓼科蓼属。一年生攀缘草本。茎上有稀疏
的倒生皮刺，简直惹不得。

杠板归，果实

杠板归别名众多：贯叶蓼、老虎刺、犁尖草、退血草、
犁壁藤、老虎艽、蛇不过。作为著名的药材，还有个别
称叫"万病回春"，具有神奇的利水消肿、活血解毒之
功效，为医家、患者所称道。

水芹的种子

水芹，伞形科水芹属。别称野芹菜。水芹即使到了最
后，也要证明自己是伞形科植物

虞美人

虞美人，罂粟科虞美人属。春播夏开花，夏播秋开花。
在罂粟的大家族里总是让人迷惑。

虞美人，蒴果

虞美人，是风中的小表妹，山坡上的小精灵。常常被误
认为是罂粟。虽然沾亲带故，但离罂粟家还是很远的。

小飞蓬和梧桐的落果

小飞蓬，菊科小飞蓬属。一年生草本。
落在小飞蓬上的梧桐果，是想飞到春天里去吗？

— 第十九章 —

立 冬

11.7—11.8

　　至此时也，万物收敛，以待来春。至此时也，江南依旧秋高气爽，犹如春日迟迟。华北地区，水始冰，土始冻。气候貌似萧条，实则养精蓄锐。至此时也，北风在吹，种子在飞。人可以修养，地可以歇息。四时变幻，草木一兴一衰。万物感应，人间一暑一寒。秋收冬藏，不可违也。

立冬的诗

立冬 ～

此刻不是任何时候。此刻我要搭上一片树叶
一片树叶跟一条船并无瓜葛。此刻我乘风而来

要相信，风可以直接给一片树叶一棵树的力气
可以到很高的地方。你在风中无须任何摇摆

一片树叶经过四季足够结实，足够开花和收获
足够你掌握。大海和航行从来不怕暗流奔突

一片树叶和大海在一条路上。就像你和星辰
在一根马鞍藤上不断生长。木兰和玉兰的叶子

不由分说。谁能把一片树叶的两面交代清楚
就像叶脉那样，给一棵树印在一片树叶的背后

此刻，恐怕风声在荒野的灌木中徐徐前行
恐怕我早已醒来，看树叶却看见你梦一般降临

最初的雪

最初的雪谁也没准备
齐刷刷下来
在金黄的银杏树上显摆
树叶做不到

它们东一片坠落
西一片依旧
好像要等一等
看这一场大雪的究竟

雪压在雪上
呼吸更均匀声音更轻了
黄金的树叶
落在水上有一万条船

划过来
玉兰的叶子蜡梅的叶子
美洲海棠的叶子
什么和什么的叶子

最后是一场雨齐刷刷没了

听树叶 ∽

树叶的动静你听
仿佛隔窗有耳你听
山林随着季候冒烟你继续

听树叶透过树叶的一阵光芒
树叶摇晃一棵大树的巅峰
雷那么响天那么空

被筛选的星星团团转
树叶一样闪烁你听
树叶一样听不清

风在开始的地方听
树叶在铺开的雨声里听
风雨交加忽近忽远你再听听

一片树叶奔跑你听
一片树叶紧紧跟你听
一片树叶撞到墙上你听见吗

扑腾扑腾的树叶
东躲躲西藏藏的树叶
树叶不听你的只听树叶

远处的惊魂之鸟
让萝摩绝对的叶子
抖动荒凉的村庄羽毛的村庄

有时呼吸可以等一会儿
心跳怎么可以不跳
就好像树叶吹着树叶你听

听种子带着雪白的呼啸
听呼啸带着我们踉跄
听大地从来不怕野兽的嚎叫

怕的是人类细碎的脚步
仿佛世界的穿行漏洞百出
树叶碰到树叶一片叮当作响

听树叶说我爱你听
听说树叶照样千里万里听
听你说树叶全都来了那么寂静

扫树叶 〜

雪不知不觉已经下来
几乎压低了近处的屋檐
雪和大海也不用商量什么

树叶直接落在雪上
漆黑的窗子对着窗子叫
乔木的风高，灌木的风小

落叶不在别处
雪的疆域无法概括
就像有蒹葭的地方有水

有芦苇的水边有蓼
萝藦纠结诗经里的茺兰
词语的藤生出一双双翅膀

词语的花打开菁荚果
等着风来，等着风再来
雪在台阶上又上了一个台阶

你扫树叶的时候
树叶和树叶有雪的屋顶
雪和树叶像一场比赛被扯平

秋在结实，冬在收藏

树叶把树叶堆起

雪在雪里化开

一棵马褂木穿行路口

一棵梧桐让琴瑟宛如风声

一棵山茱萸不怕山顶风吹草动

结果就是这样

麻雀落满枝梢像树叶

树叶落满一地却不像树叶

一切都回到根本上

有的是觉悟，有的是羁绊

有的是天堂随后是深渊

四季辗转

大地飞禽走兽

万物分享万物

一片树叶给虫子过冬

一片树叶给你写诗

一片树叶最后给了一片树叶

树叶都变成了花

树叶到了最后，秋天跟着到了最后。金色的银杏树叶，橙黄的白蜡树叶，有黄有红的元宝枫树叶，又绿又黄的马褂木树叶，不管不顾都落下来，在一瞬里。仿佛摇晃了一年的树木们终于解脱了。

我以为，树叶们只是要下来看看在树上看不清楚的事物，因为太高了太亮了。没了树叶的枝丫都是天空画出来的，几乎没有什么人能描摹出来，哪怕是天才也做不到。因为那些枝丫每一秒钟都是新的。

树叶们在地上奔跑，总要找到避风的地方。如果找不到，就飞到更高的屋顶上歇息。那里有风吹不到的地方。也有一些看上去叶子不落的树。可是，树叶怎么会不落呢？连树枝也要落下来，甚至很干脆。

你要知道，所有的树叶来年春天还要回来。同样的树木，同样的枝丫，在等她们。18世纪德国的博物学家和哲学家歌德认为，花就是适于繁殖的变态枝。换句话说，花是另一种形态的叶子，是树叶中最好看的树叶。

在诗人那里，一棵树就是花之树。神奇的是，植物学也是这么认为的。曾经有个幼儿园的娃娃指着开花的玉兰树说："春天来了，树叶都变成花了。"我很服气。在赤子眼里，世界就是一朵花，一片叶。

黄栌

黄栌，别名红叶、红叶黄栌、黄道栌、黄溜子、黄龙头、黄栌材、黄栌柴。中国重要的观赏红叶树种。叶片秋季变红。北京香山红叶就是黄栌。黄栌花后的不孕花的花梗，呈粉红色羽毛状留在枝头，似云似雾。是优良的园林观赏树种。

黄栌

到了时候，树叶看见你的时候。

黄栌

没有寓意，不要劳神。落叶归于落叶，树梢归于树梢。

玉兰，枯叶和冬芽

没有风的树林就好像不是一片树林。

紫丁香

紫丁香叶美，甚至比紫丁香花还美。万物萧瑟的季节里，见到紫丁香叶，常常会忘了紫丁香花的模样。

元宝枫

比白云稍大一块的云彩是蓝天。

水杉

发现太迟了，所以惊动了全世界。水杉的水，水杉的火焰，合在一起并不矛盾。合在一起才是真理。

山楂树
叶子开花，果子开花，在一起开花的
山楂树。

风中海棠的一片树叶
没有风，赵钱孙李家没吃没喝的。没
有风，玉米生不出玉米。没有风，星
星一团漆黑任你怎么吹。没有风，冬
天到不了春天。没有风，所有的椰子
都长在一个岛上。没有风，长江没有
前浪没有后浪。没有风，西湖就是一
片活不了的水。没有风，张家口连名
字也没有。

七叶树
七叶树，尽管有"娑罗树""七叶菩
提"的俗称，但在植物学上，与娑罗
树、菩提树毫无瓜葛。七叶树、娑罗
树和菩提树，是三种植物。民间有民
间的叫法，这其中自有文化和历史的
缘由。

碧桃的枝丫

裸树之美，美在一身清爽，毫无悔意。

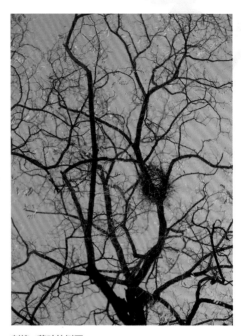

刺槐，落叶的树冠

从很远的地方来，到很远的地方去。人也一样。

榆树

榆树的叶子给我们的愉悦那么多，却不知道为什么。其实，就算我们知道，多数也是猜测。

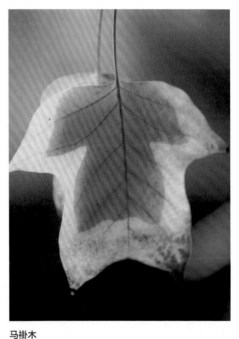

马褂木

就像服装设计师只是给男人女人剪出了稍微大一点的树叶而已。

无花果，叶子

一棵无花果树是造物主想出来的，而且没有任何参照。

构树，枯叶

有的树叶是树叶，有的树叶是丝绸。

构树，有昆虫的叶子

并非如入无人之境。
而是到了那里什么也没看见。

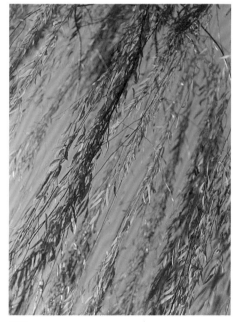

垂柳

不怕立冬，就怕离别。

女青，果序
天上有一条线。在夜里悬着三颗星。

女青，藤与果
也许，沙子里的金子就是我们的耐心。

女青的果实和乌蔹莓的果实（黑）
鸟和种子是一回事。树叶和鸟儿是一回事。种子和树叶是一回事，我们却不当一回事。

金银忍冬（金银木），雪中的果枝

金银木也好，金银忍冬也罢。

其实呢，四时有序，何来隐忍。

臭椿，翅果

没有不发芽的种子。

只有没到时候的种子。

曼陀罗，霜后

曼陀罗的冬天对曼陀罗真是时候。

花椒，入冬的枝叶

花椒不会给我们讲烹饪的道理。

当然了，别的道理她也不讲。

海州常山，果枝

海州常山，马鞭草科植物。在中国本草学里叫"臭梧桐"。

海州常山，成熟的果实

不仅海州，而且常山。最后又来个臭梧桐。真是难为大家了。

美洲海棠，果序

说美洲海棠来自中国应该不算太离谱。美洲海棠，蔷薇科苹果属，乃当地苹果属植物与来自中国的海棠杂交选育而来。

天目琼花，浆果

或许没有冬天，更没有天目琼花。

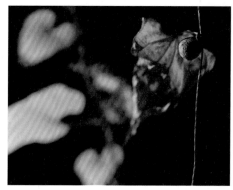

薯蓣，珠芽（山药豆）

山里山外，卿本佳人。

天目琼花，果枝

金色的叶子，深红的浆果。真是立冬时节吗？天目琼花
好像还不知道。

薯蓣，入冬的藤叶

薯蓣在餐桌上是山药。
山药在山上还是山药。

—— 第二十章 ——

小 雪

11.22—11.23

　　小雪封地，大雪封河。池水结冰，流水尚流。值此节令，京城大街小巷，众树多是裸树。叶落盖地，雪落洗尘。黑喜鹊、灰喜鹊，有的不叫，有的不飞。而观荒郊野外，百草尽是枯草。有时候结霜，有时候就是看时候而已。银杏落在落叶上，好像一切都铺垫好了。金银木的浆果在梢头，忍冬一样忍住那一串晶莹透亮的红。七叶树最后一片叶子也没留，就剩下七叶树，等着小雪来，来的也正是小雪。

小雪

雪从不迟到
总是提早一些时辰
迟到的是我们

叫熙熙叫攘攘的人
挤满了利来利往的路
甚至没时间

看太阳落山
看雪落在忍冬树上
金银木的果子

埋在深雪中
仿佛寂静也加厚了
听不到外面说些什么

听不到抱怨和哭泣
雪那么快下来
靠了一棵树的梯子

下来的时候夜深人静

胡同里只有胡同

仿佛时间打了一个来回

槐树的枝叶浮现

一些人又活了

雪化之后

只剩下白塔寺和清朝末年

大雪 ☁

小雪的节气大雪来庆祝
冬天已然抵达
杨柳还是不舍

而松树和松针都松开了
雪的气息
囊括一切细节

银杏沉没在雪地上
整棵树一直都在摇晃
整棵树都吓坏了

结果一个个裂开
还带着明朝的气息
金子一样扑面而来的叶子

归拢在屋檐下
梓树和楸树在不远处
互相打扫

雪的访问那么突然
河水好像忘了
应该结冰的日期

蜡梅的叶子那么精神
冬天的羽翼抖动了
大地收到的命令

让一条路那么辽阔
时光也跟着回去
初衷一样的雪

落在湖上听不见任何声响

节令独自行事

节令独自行事。傍晚的雪
吐露天气和大地的根芽

词语的推背图也渐渐清晰
这个世界无缘无故的人多了

拿一块树皮和鲁班爷打赌
凤凰的虫子梧桐的小鸟

叫什么都对，叫什么都不对
风一阵阵吹，星星一阵阵亮

入冬的木柴堆在南墙后面
石头跑动。而滑入深渊的人

真以为自己已经腾空而起
太阳在低处依旧照耀了山顶

那么清澈的风举着落叶 ☁

那么清澈的风举着落叶。那么干脆的
落叶，躲在台阶下只有轻微的响声

而远处的雪已经湿润。太阳开始打扫
椿树的灰丁香的灰。我依靠的是

吱呀的小马扎，是摇晃的道路
甚至是两颗顶撞的钉子，永无宁日

被苍天捆绑的人，终于得到他的自由
他的指甲。发芽的星星如此稀少

依旧看见大地和曙光。黑夜脱掉粮食
秸秆在大地的尽头插满金色的羽毛

万物来自同一颗种子。不相信的羔羊
在张望。不相信的神灵照亮了枝条

我想起那年春天 ✎

树枝一样干冷的早上，我想起那年春天
你的万物还是萌芽，接过细雨透彻的时辰

一箩筐装不下的废话，经过胡同的颠簸
经过长夜的咀嚼。豆子破土好像一堆瓦砾

生出不断的蟋蟀草和围墙。在你的世界里
石头只能毫无雕琢，缝隙必然长满青苔

而火焰朝下画了黑夜的肖像，星星的顿挫
几乎不见任何痕迹。金银木就要开花了

你落在宋朝的雨声里，看芭蕉如此辽阔
看一个人在词语的羁绊中站起，也看见你

仿佛湖水挂在沿街的栏杆上。冬天的寂静
照样拍打我的窗子，在裸树一样的早上

就像银杏的落叶

浓浓的雾，淡淡的雾。西北风一来，才看得清楚。银杏树几乎就是金黄树。银杏的叶子看上去跟树叶没什么关系。平行叶脉仿佛就是针叶的连缀。即使在一棵树上，叶形也变化多端。扇形的、肾形的、盾形的、三角形的、蝴蝶形的，不一而足。

银杏的杏，跟杏子也没什么瓜葛，因为银杏是裸子植物。裸子植物只有种子没有果子。比如松塔里的松子，即是红松的种子。白果是银杏的俗称。白果不是果，所以也就没有杏子一样的果肉。那挂一层白霜的"果皮"其实是裸子植物才有的"种皮"。

初冬的银杏树几乎不是树而是一棵树的梦幻。那么多人从家里往外走，不，是往外跑，恐怕耽误了大好时光。说不好是去做什么，不做什么。这不像北京的早晨而就是北京的早晨。

张君秋在唱——碧云天，黄花地，西风紧，北雁南翔。问晓来谁染得霜林绛？总是离人泪千行。成就迟，分别早，叫人惆怅……

王实甫早先唱的是——碧云天，黄花地，西风紧，北雁南飞。晓来谁染霜林醉？总是离人泪。

当然还有更早的范仲淹在宋朝就唱着——碧云天，黄叶地。秋色连波，波上寒烟翠。山映斜阳天接水。芳草无情，更在斜阳外。

当张君秋唱到"叫人惆怅"那一句的时候——一片银杏叶子翻来覆去落了下来。看不出有什么特别的目的。植物学家却说，树叶落下来，树会更安全。

不是小雪，是霜雪落在树叶上。

没见过银杏叶子的人也知道银杏叶子的样子。
不信你问问看。

怎么会没有两片一样的叶子，不就一片叶子吗？

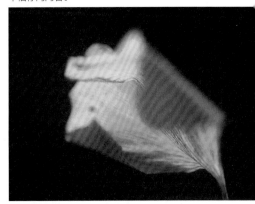

树叶在树上是大千世界，在树下还是大千世界。

银杏看你看银杏的样子一点也不好奇。

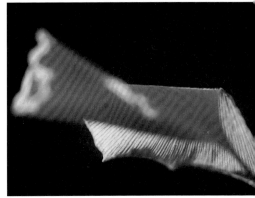

落叶落到别的树下更多一些。这恐怕说明不了什么。

搭界的两片叶子仅仅因为结冰的缘故吗？

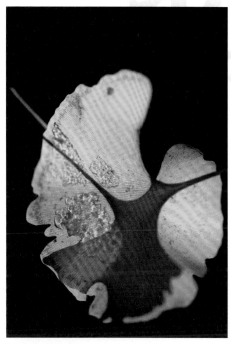

你不是看见了树叶，而是在看你的回忆。

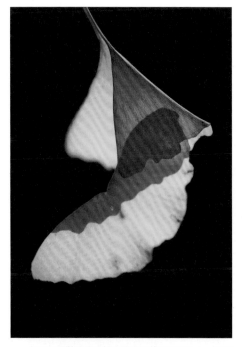

如果不是苹果而是银杏的叶子落在牛顿头上，结果
会不一样吗？

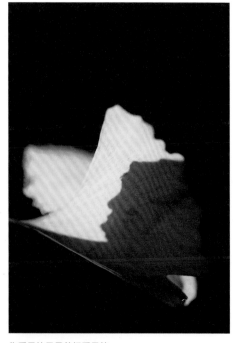

你看见的只是曾经看见的。

就像芦苇的冬天

人的确很脆弱，甚至还不如湖边的芦苇结实呢。可是，"人是会思想的芦苇"，有智慧，知道人是脆弱的，因为"知道"而变得不那么脆弱了。

北方冬天的芦苇，依旧那么自在逍遥。她就在那里过冬。好像结束的是四季，周而复始的是芦苇。就在不知不觉中，一茬又一茬地生长。

芦苇依水而居，高高在上，似乎不是为了给我们看风景。水就是她的王国和领地。结冰的水，让时间也凝固了。

人类如履薄冰而来。每走一步，都为我们留下了借鉴和教训。几千年了，芦苇生生不息乃至不朽，是因为从根本上懂得，不要什么而不是要什么。

芦苇用来编织草席，于是有了席地而坐。人类也因为智慧而在大千世界里有了一席之地。思想的韧性也给了我们韧性的思想。

蒹葭苍苍了，芦苇金黄了。诗在那里自己生长出来，雨为我们读出声来，风为我们画出背景。诗人啊，仿佛可以歇息了。

假如芦苇有思想，我们也不一定知道。

芦苇叫蒹葭的时候如妖娆少女，蒹葭叫芦苇的时候才有了智慧。

江南管芦花秋雪。那么，收割就是去扫秋雪了。

没有风就没有蒹葭没有芦苇。

早开堇菜，结霜来不及结果

蒙霜的早开堇菜，小雪的早开堇菜。这么晚开花你等谁看？

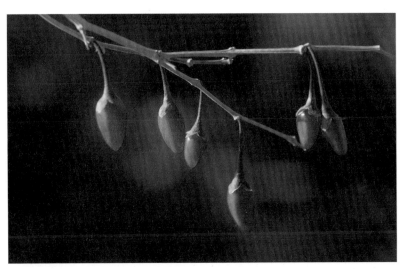

枸杞，浆果

别称枸杞子、枸杞菜、狗牙子、茨。枝条有刺。《本草纲目》载："枸杞，二树名。此物棘如枸之刺，茎如杞之条，故兼名之。"作为药材，以宁夏枸杞最为著名。枸杞子有养肝、滋肾、润肺之功效。枸杞叶可补虚益精，清热明目。时下中年男子保温杯里常见之物。

山茱萸，落叶之后的果枝
山茱萸树叶都落尽了，满树果子等着鸟来。

马褂木，枝叶
马褂木也有一片茫然的时刻。

芒，入冬的群落

芒，禾本科芒属。芒刺在背的芒。常常误认为是芦花。芦苇在水，芒草在山。一个水生，一个旱生。还有，芒叶不在茎秆上，且有锋利细齿割人肌肤，而芦苇的叶子则不会。

野大豆，空豆荚

野大豆把豆子抖落之后多么轻松啊！

垂柳，冰面的柳叶

柳叶刀，柳叶刀，你的主人哪里去了？

假酸浆，干果

假酸浆灯笼状的宿存萼，过冬不凋。假酸浆还是西南地区制作凉粉的原料。

第二十一章

大雪

12.6—12.8

　　大雪节到了，我不知道你在读书还是发呆。草木们正是夜长梦多、日短苦寒的时日。人事嘈杂，心远地偏。湖已结冰，树多裸树。河水如此敞亮，竹林依旧逍遥。

　　冬藏的十二月，元宝枫的翅果还在，金银忍冬的浆果还在。女青的叶子抱在一起，最后的天目琼花的叶子依旧那么固执，让北风也没什么办法。天地如此辽阔。如果草木有智慧，也一定高于人的智慧。否则我们早就明白了自然之奥秘，万物之来由。

大雪 ☁

杨树的叶子落水里。柳树的叶子在冰湖上
依着节气的安排，大雪并非要来一场大雪

紫竹院拔尖的柏树，孤零零却密不透风
和栾树太不一样。马褂木只有紧张的枝梢

没有马褂一样过冬。喜鹊的窝叫你惊喜
叫我听见的时候，冬天还不知道如何是好

悲欣交集的人路途遥远。一夜长于一日
一日长于百年。就像我和你被裹在褓褓中

重新看待世界的脆弱和哭泣。重新看待
不死的种子在风中滚动。仿佛流浪儿

跟着流浪儿到了十二月的开头。那里的河
看不见流淌，那里的山不高不低就在腰上

而且

而且是香椿的靠背和梯子，灯笼有了结果
山茶君临山冈。已经见过了旷古的面具

已经是另一个先知。又呆又傻完全不对
又呆又傻，难道不是藏身最好的一门技艺

你好像看见，那个每天念叨下不下雨的人
没有沟渠也没有庄稼。万物给我们生长

给我们照耀。难道有你没你全凭一根稻草
顽童般的稻草，在风中收藏大地和细雨

仿佛是仿佛的冬天。仿佛是一个世界的救星
这无尽的慈悲容纳尘世，就像火焰写字

甚至可以把骨头烧成骨头，把灰烧成灰
你的那粒种子，落在岩石突然的缝隙里

天色已晚

天色已晚。如果不是喜鹊叫了我不看窗外
就没有天色更没有早晚。此刻我想的是

栾树叶都落光了，只剩下铃铛一样的果实
一小块你曾看见的积雪，在背阴处亮着

去年的南天竹在紫竹院里，叶子红了
好像时间没变，经过四季依旧不紧不慢

该拿走的拿走了。留给我的只有一声哎呀
哎呀就是树叶，多少一样大小一样

不一样的是冬天，喜鹊终于等到一年到头
惊叹于柿子的甜美，它们在最高的树巅

人类够不着只能从远处看看。天色已晚
我想起三年前你也来过，只不过是在早上

用一个灵魂说话的两个人 ☁

用一个灵魂低语的两个人多么欢愉
无花果的叶子遮蔽了我们的身体

万物在冬天发芽而尘土在枝条上诞生
泪流满面不是因为太阳烧尽了太阳

大海在泡沫中收取盐粒化为乌有
犹如闪烁的星辰给黑夜送来了安宁

两个人的爱让一个灵魂独自疯狂
纯粹的时间停顿了给世界让出一条路

辽阔无边的荒野种下最初的种子
最初的田埂歪歪斜斜谁都没有注意

溪水从溪水边经过，两个人的交谈
仿佛某一刻领受命运的安排不再颤抖

榆树叶

一片榆树叶同样可以看见你。一片榆树叶
很清楚区别榉和朴，却不能默认你和我

在后面在前面。冬天有一个辽阔的园子
篱笆好像高低不一的山冈。采菊的人种下

词语和云朵。种葫芦的人摘走甜柿和南瓜
只有掌上明珠和亲生的石榴，彼此照耀

你的天空清澈见底，好像星星一样均匀
而喜鹊的叫，把千里万里的树梢聚拢起来

爱是越吃越饿的食粮。榆树叶的阴影
拖着局促的尾声。没人烟的地方人冒出来

仿佛一堆火护着木头，我的命护着你的命
分秒不分，这冬天嫡出的万物已经来临

天目琼花的冬天

天目琼花，忍冬科荚蒾属。亦称佛头花。因模式标本采自浙江天目山而得名。

我从来没有为自己热爱的一种花写过如此长的诗篇。而触发我灵感的不是花本身，而是天目琼花已经干枯的叶子。

在我看来，每一片叶子都是不朽的，所谓落叶，只是去了别处歇息片刻。到了春天还要回到树上。

我连着用了两个中午，拍了天目琼花的同一片叶子。因为风的缘故，每个拍摄瞬间都是不同的。就是说，一片叶子已经不是一片叶子了。

这不是一片天目琼花的叶子。因为已经是光线，是影子，是风。我等于什么也没做。我只是抽时间去了树下，看见了她。

恐怕是应了那句话：心里有，世界有。

你试着说出了第一眼看见的事物
最初的夜忽然睁开让星辰写出字句
四月和新鲜的灌木枝条飞扬
所有的细节跟时间索要花朵和纹理
而时间拿走所有的东西不再归还
你要看好这园子这泥土这蚯蚓
水的源头在树冠上彻底暴露
彻底的意思是废墟分布在任何地方
如同埋下房屋的根芽等待生长

太阳在大地的表面滴答滴答走着
路过殿堂路过农舍路过沟渠
不管你做什么更不管你做不做
影子是透亮的好像没有影子
到时候树叶脱落只剩下那些骨干
只剩下北方的冬天参照江南和江水
天目山在天目山上看你多么美
崎岖的小道只有青草连绵的消息
乔木耸立的云朵转眼已是黄昏

百年也不过一天的工夫
你看一天也有她的四季
早上的早开堇菜要开花
开花要开紫花地丁的花
茜和女青隔了三千年
犹如萝藦和芄兰是一个
忍冬的天目琼花在过冬
忍冬的金银木有了结果
这寂静的园子没有人来

一片叶子对一片叶子说
一片叶子是叶子一片叶子是影子
一片叶子是拖累一片叶子是休眠
一片叶子是光一片叶子是遮掩
一片叶子是小寒一片叶子是立春
一片叶子是疼一片叶子是呼喊
一片叶子是风一片叶子是风声
一片叶子是黄袍一片叶子是耳目
一片叶子是虫子一片叶子是粮草

曾经的冬芽多么危险
曾经的二月还不是早春
曾经的花儿叫你一声啊呀
曾经的锦绣吃掉了虫子也被虫子吃掉
曾经的梯子在树顶像树叶一样摇
曾经的闪电叫一个人枯坐在地上
曾经的云雨被屋脊分开否则不会流淌
曾经的落日啊曾经大火弥漫
照看树上的蚂蚁也照看树下的人类

一片叶子对一片叶子不说
一片叶子是雪一片叶子是融化
一片叶子是瓦当一片叶子是滴水
一片叶子是无有一片叶子是无边
一片叶子是开始一片叶子是来年
一片叶子是不朽一片叶子是瞬间
一片叶子是海一片叶子是盐
一片叶子是河流一片叶子是山谷
一片叶子是一片叶子是一片叶子

清澈的天目琼花就是此刻
一万条倒影比她的枝梢更长久
有的是弯路有的是捷径
走弯路的人啊你可看见
那么远的荒野不是荒野
最近的花都不是你的梦想
走捷径的人啊你要当心
那里匆忙一片漆黑一片
那里除了捷径没有别的

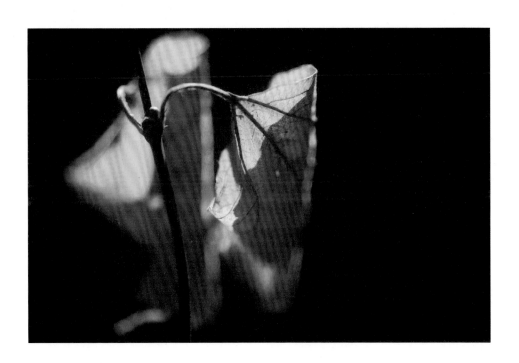

是裸露的灌木等你爱

是逆风的枝梢经过你梳理

是一年的劳顿终于有了最好的安顿

是横穿的枝条也穿过凛冽的上午和下午

是单薄的树叶给你一件金子的衣裳

是金子换不来的造化给了你

是结冰的湖倾泻全部的时光

是冬夜咀嚼马槽里的动静

是动静听见了你的一阵由衷的吟唱

早开堇菜，蒴果壳

好像透过表面传来了时间的嘀嗒声。
早开堇菜早早地播种了，早早地轻松了。

女青，两片枯叶

两片叶子依偎在一起，应该是最温馨的一刻。

甘菊，落花之后

野菊落花之后想起了陶渊明和五斗米。

金银忍冬，冬天的浆果

金银忍冬到了是金是银出来看看的时节。

景天，枯干的群落

景天，景天科景天属。一年生草本。

枯的圆锥绣球

虽是干枯的花，光芒不减当初。

元宝枫的翅果

还没有飞走，是因为还不
到时候。

冰雪上的玉兰叶

玉兰的叶子落在雪上也
实至名归了。

红瑞木，冬天的枝条

红瑞木，山茱萸科梾木
属。落叶灌木。落叶之
后，红瑞木的枝条如红珊
瑚。如果你见了不认识，
她都会急着告诉你。

—— 第二十二章 ——

冬至

12.21—12.23

　　芳华落尽，数九开端。冬至，是早在春秋时代就确立的节气。此时，北京白昼只有九个多小时，也就是说，一年中黑夜最长的一天。寒冷至极，阳气始发。民间有谚语：一九二九不出手，三九四九冰上走。可见天寒地冻之状。过河不必桥，湖上也行人。风吹萝藦，也吹着鹅绒藤。种子万千，听天由命，或许就在身边，或许到了天涯海角。

冬至的诗

冬至 ⌒

无数星辰透明的翅膀唤醒了我们
这梦境里的梦境彼此相连无有先后

生者可怜的面容为什么似曾相识
幸福的人回过头来又总是疑窦丛生

树叶装满口袋鼓鼓的有了回响
阳光穿过秸秆的烟雾好像不是阳光

有了清晨和腊肉忘记了数九的日子
数着枝丫上的麻雀叫麻雀飞起来

剩下的光从屋顶分开幽暗的门户
在那里目睹了赤裸的神灵款款而去

想想世界那么远不过是一个借口
时间总要说话的而我们还没有在意

旧年 ☁

这一年分分秒秒数到今天就算到头了
要另起一行。生和死是最难的一副对子

上联写正了下联才好看。在横批之上
有两个字叫当下，模模糊糊几近被人遗忘

喧声和无声的枝丫守护我们的安宁
我们的安宁，也是滚动的树叶继续滚动

大海在大雪围绕的地方依旧我行我素
一块石头推到了，一块石头立起来

仿佛门外的人群散去仅仅是散去而已
云朵在低处但那是山的低处，无法借鉴

旧年的小板凳独自摇晃叫着你的名字
一棵梧桐树结果了，却不知道花开何处

宿命者 ~∽

安宁如同世界和一个人在一起。一个人
和世界窃窃私语，让后来者毫不知情

傍晚的冬天多么清澈。沼泽在冰块里
分裂如野兽的爪子经过一片水蓼的荒原

我看见万物的梗概，词语出入阡陌
所有废弃的种子不会废弃梯田和屋檐

人人都活在死的前面，目睹午夜降临
十二月的风，吹跑了十一月树上的栗子

火焰包裹着，哪怕没有火焰依旧棘手
大地的游魂解脱出来仿佛白昼轻轻睡去

宿命者的到访，磕磕碰碰费尽了周折
而失明的镜子依旧在最远处等候一个人

比早上更早些 ～

比早上更早些的是一棵树的黄昏
小树叶一样无有踪影到了什么地方

星辰充裕的黑夜不是我们的黑夜
那里发亮的尘埃也会慢慢聚集起来

长出一些别的庄稼却不知道我们
蚂蚁似的在田埂上做什么要紧的事

冬天来了大风而湖上的冰盖住了
仿佛什么都没有的结结实实的没有

我想你的分分秒秒贴着溪水流淌
你却不能装在瓶子里摇一摇给我看

而那逝去的大海对照无边的天空
没有颜色就像时间按不住的时间

萝藦

睡眠是一张纸。窗户恐怕是一层霜雪
透出了山水和节气。种子看你飞扬

银杏挑了正午轻轻落下。万物细数来历
滚烫的头脑是一口钟，继续敲打继续

铁匠的工作。而我的工作只要几个形状
几个大小不一的物件。类似一片树叶

储户们在街上张望。风和太阳的功劳
给了无患子，就像大海给了航行和舵手

满载星辰的天空指引黑夜。时间的针线
在丝绸上布置花朵。唯有你不紧不慢

智者从不过问河水的久远。云朵变幻
藤上种花，而你是我花在时间上的萝藦

时光就像萝藦的种子，播种了随风

入冬后，大部分萝藦的种子都熟透了。播种的时节到了！没有风，萝藦就叫风来。没有雨，就叫雨下。乘风而去，天下都是萝藦的兄弟姐妹。落雨而生，萝藦的云朵里藏匿着时光的种子。

萝藦是萝藦科植物，种类繁多。野生的，栽培的，都有。唯独这个萝藦这个"科长"，让我着迷了十多年。拍摄到的片子恐怕也有几万张之多。我甚至很难回想起它们是如何跑到镜头里去的。

萝藦在风中那么自在，那么任性，再高的摄影技巧也太笨拙了。好片子跟技巧没什么大关系，对摄影师神乎其神的说法不要当真。用心看，你会看见千差万别的萝藦。植物分类学，在我这里只是一个索引。

风要北风，花要结果。

芄兰对萝藦说了，
冬天是头一天，
春天是第二天。
萝藦跟芄兰说了，
夏天开花下雨，不算了。
秋天刮风结果，数不清。

先有种子，风是后来的。

大风吹亮了星斗，星斗飞到了天边。
孩子们拼命跑，孩子们拼命追。

种子在飞，时光在飞。

没有名字的事物是我们
还不知道的事物。

两个果实。各自打开，
如同对话。

不留余地。一场说走就走的旅行开始了。

身边每个细小的物件都藏着我们的灵魂。

自然是一本书，种子
是第一章。

我们看见的，就是心
里有的那个世界。

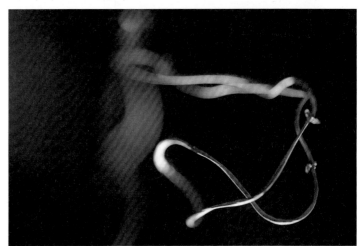

萝藦的时光，我们的
时光。

鹅绒藤：不断的种子，不断的来生

鹅绒藤，萝藦科鹅绒藤属。是萝藦的小表妹。尤其是到了冬天，表姐表妹常常被认错。其实，认真观察可发现，萝藦果实纺锤形，鹅绒藤果实尖锥状。前者果皮粗糙而厚，后者光滑且薄。

鹅绒藤常常是萝藦的"伴娘"。夏天萝藦开花的时候，鹅绒藤也要一起开花。不知道是鹅绒藤怕孤单呢，还是鹅绒藤担忧萝藦的孤单。

鹅绒藤缠绕在荒野的灌木上，萝藦长在生生不息的《诗经》里。其实呢，离得很近，近到分不出谁是谁。尤其是种子飞起来的时候，就更是不必再区分了，因为她们俩也不想被区分。

风来风撒，雨来雨种。

鹅绒藤的种子只有远方，无有挂碍。只有行囊，无有包袱。

不断的种子，不断的来生。

结伴而行更远。独自上路也好。

我最好奇的是，自然对人类没什么好奇心。

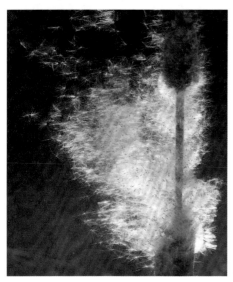

香蒲，种子

香浦生在水里，也要飞到天上去看看。

白茅，果穗

白茅，禾本科白茅属。果穗。

有一种植物叫茅根，与白茅不是一回事。

紫薇，枯干的果枝

紫薇，缘起紫微宫。紫微宫在汉代执掌天文和历法。紫薇花对紫微星，天地间最好的安排。

月季，霜冻之后

月季是月季，玫瑰是玫瑰。月季的最后一季，仍不失其尊严与美。

梓树，有结果的树冠

长满豇豆般细长果实的梓树。春夏之交浅黄花，秋冬之际垂如豆。嫩叶可食，木可制琴，果实制药。与桑并称，喻为故乡，常言"桑梓之地"是也。

扶芳藤，藤叶

扶芳藤，卫矛科卫矛属。藤本灌木。花开6月，结果10月。扶芳藤有这么好听的名字，就为了让你不要忘记她。

箬竹，群落

箬竹。禾本科箬竹属植物。产于中国。那么矮小那么弱，看上去像野草，照样是竹子。折不断，拽不走。根连着根呢。即使冬天也从来不甘示弱。箬竹常常做地被植物，在北方园林常见。有宽叶、花叶种种。

金镶玉竹

金镶玉竹，禾本科刚竹属植物。产于中国。看名字就是竹林人家的千金。有金有玉有寄托。其实呢，所有的竹类，都是"草"，禾本科嘛。即便生长期有80年，还是草，不是木。皆因竹无年轮，而且中空。竹子是禾本科里最高的草。四季轮转，竹叶青青。就好像四季无有轮回一般。

紫竹

紫竹，禾本科刚竹属植物。也叫墨竹。产于中国。湘桂仍有野生紫竹林。新竿墨绿，老竿黑紫。耐寒。人见人爱，竹林中出类拔萃者。紫竹院里有栽培。紫竹有变种，曰淡竹。区别在于，竹竿淡绿，比紫竹高、粗、壮，类毛竹。中药竹茹、竹沥，多取自淡竹。

斑竹

斑竹，禾本科刚竹属植物。也叫湘妃竹。产自九嶷山。晋代张华所著《博物志》有言："尧之二女，舜之二妃，曰湘夫人。帝崩，二妃啼，以泪挥竹，竹尽斑。"将斑竹之得名说清楚了。斑竹之斑，实乃特殊真菌侵蚀幼竹所致。斑竹适合做箫制扇，自古文人雅士，爱不释手。

早园竹

早园竹，禾本科刚竹属植物。也称雷竹。产于江浙沪。当地春笋发早，又说随第一声雷而出。早园笋是美味，自不待言。在北京，早园笋5月中旬破土，晚了两个月。竹类植物，在全球多在南北回归线之间分布。总归是南方物种，虽说是岁寒三友之一，但在北方露天稀见，毕竟他乡非故乡。

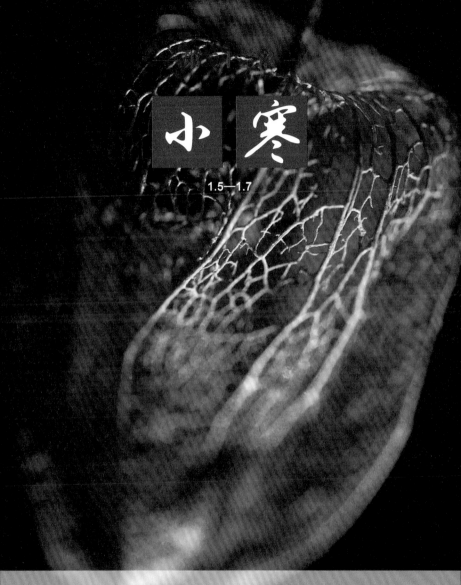

小 寒

1.5—1.7

　　小寒，大雁南天北归，喜鹊高枝做巢。雪要来，还没来，那就等着。雪在这个时候，就是"戈多"。来不来，戏依旧，该现实就现实，该荒诞就荒诞。玉兰树的冬芽和花蕾裹着毛茸茸的外衣，总叫人对春天多了一份念想。

　　树叶该落的都落了。圆柏密集的长着小犄角的小果子，那么饱满。金银木艳红的果实留给了留鸟，天目琼花的枝条上还挂着几片随风而响的枯叶，好像预示着什么，又好像不关人世，过冬而已。

小寒

小寒的小女儿，豹子一样绽开的蕾
像火焰洗刷了湖水。时间的软糖低垂

太阳在远离积雪的地方，打扫积雪
大地依稀的梗概依旧讲述农业的成长

一片麦田的起伏，吞掉两亩地的闲暇
无言的马，天空被挪走的千万云朵

千万不要忘记。缺了一个角的箱子
发出一阵内部的反响。冬天更彻底了

照耀星辰的光芒也照耀失眠和昙花
青檀已经老去，附近的根据完全暴露

繁荣的枝干开始动摇。词语在战斗
种子死了便生下好多种子，无有结束

新年依旧 ～

你说世界在哪里新呢？跳了一个数字
换一个不同的地方。风还是照常吹

吹到树上，树叶掉在别的树上不掉了
雨还是照样下，有时隔一夜有时隔一天

太阳不管晴与不晴，只管太阳的事
仿佛蒹葭生在诗经里才是蒹葭和苍苍

在水边只是芦花和秋雪。水在深处流淌
你看见石头冒出来，大块的青苔依旧

喜鹊叫着喜鹊，好像早上喜鹊不叫了
便不再是冬天的早上。世界你说吧

新年在哪里新？那不过是庄稼收了回来
收回来的果实在翻滚，一等又是来年

我知道 ～

我知道，总有一天有一个人看见你
说是喜欢或者说是胡闹，没关系

万物抽取万物仿佛树叶罗列树叶
有一个人做梦，做梦也要早早排队

有人喜欢喜欢，有人喜欢胡闹
我看见有一天有一个人看见自己

在上帝的周遭玫瑰的涟漪层出不穷
雨的坠落，彻底洗刷末日的湖水

刚刚建造的房子打开天窗天已大亮
废墟守着废墟的荒草，不言不语

一个人都忘了。世界一干二净
还有谁知道，那一干二净也是好的

漫长的冬夜 ⌒○

漫长的冬夜，你来接管扑面的星辰
这寂静的时刻，大地的命脉独自闪烁

在生计之外，种植和灌溉给你欢愉
给你惊奇和突然的花朵。在睡眠之外

土壤继续繁殖，不管积雪覆盖积雪
不管瓦砾覆盖荒草。分分秒秒的人啊

在分分秒秒里和你说话，仿佛时间
已经多出来，一颗流星返回星辰之初

无尽的光在黑暗中运行，无有结束
越过梯子的间隙，一棵树听见了风声

一棵树听见了远去的鸟鸣。你没想到
漫长的冬夜来了，除了漫长再无别的

茶花 ∽

春日蒸蒸。第一朵茶花是冬天开的
窗子经过擦洗，太透明看不见东西

词语在事物的两边。告诫从来不起作用
茶花和太阳只能选一个。贪婪的人啊

好像失传已久的技艺，突然赤裸而来
唯有茶花。果壳爆裂如经年的鸟鸣

记忆和喜悦无法对视。萝藦缠绕你
顾不上言说。旧山河仿佛一只青花罐

响亮却易碎。足够一个早晨端详
安宁自己找上门。难得一见的安宁

恰恰是茶花的绽放藏匿茶花，恰恰是
一个人在自己后院，想了很多转了很久

玉兰树的小寒

小寒时节的北方，百草不见，冰已深厚。唯有玉兰的冬芽毛茸茸的，裹了御寒的裘装一般在枝条上闪烁，不太在乎北风的呼啸。冷也是到了时候。万物要歇息，玉兰要过冬。

娇嫩的蕾被玉兰的芽鳞裹得严严实实，悄悄生长着。玉兰的"花胎"几乎已经完整地形成，有花瓣，有花蕊，什么都有了，就欠一场来年的春风来接生。寂静里孕育着玉兰树最初的希冀。

冬芽虽小，不忧不惧。风吹玉兰，花开南窗。经过隐忍的一冬，满树的冬芽也就是满枝的杯盏。

小寒遇到玉兰，就像你遇见不早不晚的那个人，先知未卜，花开未开。

玉兰的冬芽

玉兰的玉，木兰的兰，
等着冬去，等着春来。

玉兰仿佛知道，小寒是冬天的
信使。

小玉兰的小寒如寒星，
小寒的小玉兰亮晶晶。

玉兰的冬芽（特写）
玉兰的蕾也有如此妙笔，
她的花足以打败每个诗人。

玉兰冬芽脱落的鳞片
如花落，如解脱。

酸浆：冬天的"红姑娘"

酸浆的果实散落在小树林里，几乎被枯草掩盖起来。秋后的红姑娘，经过雨的洗练，也经过雪的沐浴。不是摄影师遇见她们，而是她们借着光看见一个人的茫然和耐心。

草木一生，何尝不是草木一冬。有的果实留在那里，有的果实远走高飞。繁衍就是本性和目的，尽管历尽沧桑。自然界里从来没有歌舞升平，有的只是被诗人拿去载歌载舞罢了。

酸浆并非稀罕之物，自《尔雅》以来有太多的别称和俗称，世代相传，犹如种子生生不息。万物各有其名，自然索引而出。名不正，说话都是个麻烦。

酸浆有野生，也有栽培。可生食可做果酱，可药亦属良药。小小的酸浆，作用可不小。于平常之中生出不凡之处，救人所困，医人所病。于是，念念不忘，每每遇见。

入冬的红姑娘也渐渐褪去了颜色。

仿佛囚禁在小小的果脉里。

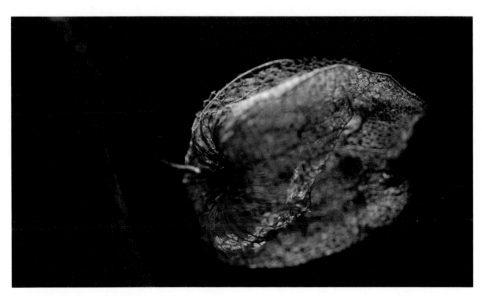

破碎的是牢笼，自由的是种子。

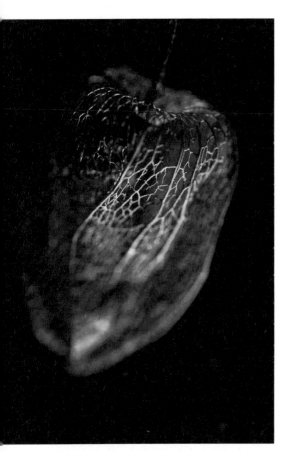

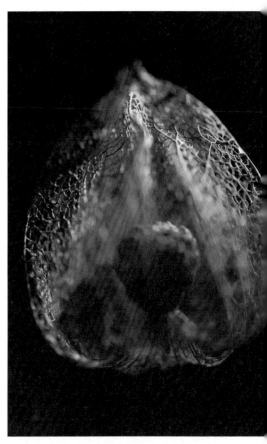

宇宙也是一粒种子，如果心够大够宽的话。　　世上脆弱易碎的，恐怕是心不是果壳。

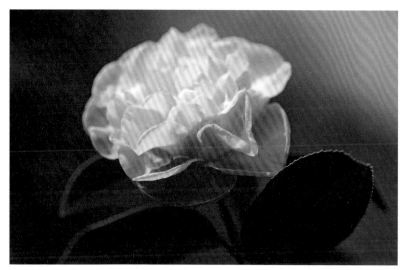

山茶花开

山茶，山茶科山茶属。别称茶花。灌木或小乔木，高达9米。花期1—4月。品种繁多，花大多数为红色或淡红色，亦有白色，多为重瓣。十大名花之一。

山茶花开，花萼

山茶花在山上开，跟山下的龙井是一家。

山茶有的只管开花，有的只管长叶，不管我们怎么看。

旋覆花，残存果序

旋覆花也会把冬天转过去的。

结香，冬叶与冬蕾

秋叶护花待春来。

旋覆花，果序

旋覆花看上去枯萎了，其实结满了种子。

结香，花

结香结在这里，打开的时候就在西湖那边。

裂叶牵牛，种壳

牵不走的有了结果，只有牵牛和牵牛分不开。

裂叶牵牛，种壳

种子落地了。牵着你也牵着花走过四季。

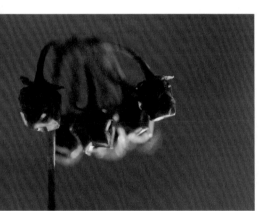

龙葵，冬天的果枝

龙葵的种子，龙葵的宿命，龙葵的来世。

龙葵，冬天的果枝

龙葵不枉龙葵之名，冬天里也暗藏生机。

天目琼花的浆果

浆果也惊艳。不愧是琼花
家族的美人儿，仿佛照亮
了冬天里的枝丫。

枯萎的荩草

荩草，禾本科荩草属。一
年生草本。有治疗久咳、
疮毒之功效。野生优良牧
草。也是草木染之黄色原
料，故有"黄草"之别称。

麦冬过冬

麦冬，百合科沿阶草属。
别称沿阶草。花期5—8
月，果实球形。小块根即
中药麦冬，有生津解渴、
润肺止咳之效，栽培很
广，历史悠久。
沿阶草的名字和沿阶草一
样漂亮。沿阶草沿着冬天过
来，就是小麦返青的春天。

泡桐的冬蕾
你来了，是春天。你来了，就开花。

臭椿翅果
有的飞了，有的等着飞。

雪柳冬天的果枝
雪柳有讲究。古人根据其果实的多寡，判断当年的收成。

白蜡树越冬的果实

白蜡树，木樨科梣属。乔木。高达12米。雌雄异株。花期4月，果9月。栽培久，分布广，主要经济用途为放养白蜡虫，生产白蜡，尤以西南各省栽培最盛。

东北红豆杉，越冬的枝叶

东北红豆杉，红豆杉科红豆杉属。别称紫杉。常绿乔木或灌木。原产东北。北京有引种，多为灌木状。木质坚硬。心材可提取红色染料。种子可榨油。木材、枝叶、树根、树皮可提取紫杉素。种子的红色假种皮味甘可食。叶有毒。

第三十四章

大 寒

1.20—1.21

　　大寒是一年四季的尾声。虽说白雪皑皑，毕竟立春不远。松柏青青，蜡梅含金。世界万物，各得其所。草木枯槁，风吹而生。人在此时，往往缩手缩脚，显得那么脆弱。弱柳却不弱，细细的枝条且随寒夜起舞。古槐枝如铁，黑压压的，无惧凛冽寒气。天地大道，自然而然。四季轮回不止，五行相克相生。

大寒的诗

大寒

天上有云朵和羽毛才是空,有太阳是太空
装满鱼虾的海却不是海,长满高粱的是大地

野豌豆和豌豆比两个省要远很多。而荠菜
真是说不清楚。在最初的诗中生长依旧新鲜

仿佛井水河水没有隔阂。青蛙们在树上看
气节总是偏执的。不像二十四节气变化不居

风是播种者。雨的种子洋洋洒洒落土为安
闪电的藤蔓是清晰的。葫芦在屋檐上也清晰

时间回到松软的蒲团上。抽屉里落叶层层叠叠
如铺张的信件,所有没有收到的人

在桥上观望积雪和过客。芦花永远是冬天的
思想属于干脆的莲梗,而词语必将承接万物

二月

二月是长笛和人声一起缭绕，是萝摩
飞来的时辰透过篱笆。是躲在墙根儿的

布满黑色细小颗粒的残雪。是我的手指
从手套里暴露出来，却什么也抓不住

仿佛萌动的接骨木，伸开弯曲的枝条
早开堇菜发出一丝尖叫。我的二月

在码头上俯瞰封冻的河流。黄昏的反光
铲走最后一层落叶。猫在屋檐奔走

鹅绒藤和萝摩分不开的种子，等你回来
风吹送二月，就像枝梢和呜咽混淆着

而泪水在黑夜里继续灌溉。我们的心啊灵啊
为什么不可摧毁，直到此时此刻

樱桃树的时日 ～

要做的首先是赞美。樱桃树的时日
很快就有了结果。哪怕树干老迈摇晃

依旧那么美。樱桃树不需要劳驾诗人
就像语言单独带上梯子，并不指望

星辰落满草丛。露天的露水足够畅饮
露天的天窗足够说话。我要做的是

给樱桃树找一棵樱桃小树，给一条河
造一个码头。你知道雨水为谁流淌

只有你知道的船只，搭载时间与风向
万物一片树叶，而一片树叶倒过来

给了新年和眺望，给了春天和感伤
仿佛没有眼泪和灌溉，人类不会生长

雪是不能碰的 🌀

雪是不能碰的。就像玉兰花开之后
树下不可以打扫。雪在词的后面

跟不上你。大声说话的人忘了
危险来自哪里。在低矮的屋檐下

雪的领子竖起来。这人间的冷
与气候无关。太阳不过是一层纸

刚刚切开。橘子在滚动的时候出汗
冬笋供出藏匿的地点。雪的呼吸

如同萝藦从绷紧的缝合线上轻轻飞出
不早不晚。一只在万物中接洽的猫

给你带来最新的好消息。仿佛
雪仅仅落在岸上，滑入江水的都是树叶

蜡梅 ᥫᢥ

这干的枯的枝条突然花朵点亮
仿佛灵魂摸索着又回到逝者的身上

这横七竖八的冷不管不顾的冷
浸透了每一个细节却没有道理可讲

这雪的肌肤雪的乳房雪的嘴唇
带走腊月一路沉默一路踉跄

这远处的香沿着旧年的路径
寻找风中叫喜鹊的鸟儿都叫醒了

这美梦四面八方围过来忘了是梦
隐晦的语言几乎翻译了星辰和节令

这万物的使者给春天放出了消息
你在那里在不在那里黑夜都一样

蜡梅，腊梅

蜡梅之"蜡"，《礼记》有载，农历十二月，称之为蜡月。蜡梅开花，正是蜡月光景，所以名之曰：蜡梅。秦代蜡梅之"蜡"改为腊，于是，才有了腊梅之说。

李时珍《本草纲目》载："蜡梅，释名黄梅花。此物非梅类，因其与梅同时，香又相近，色似蜜蜡，故得此名。花：辛，温，无毒。解暑生津。"清初《花镜》载："蜡梅俗称腊梅，一名黄梅。本非梅类，因其与梅同放，其香又近似，色似蜜蜡，且腊月开放，故有其名。"

在江南，腊梅花开腊月。而在北方，比如北京，是农历二月初才开花。腊梅的花瓣，只是像花瓣而已，在植物学上叫萼片。与梅花非亲非故，只是沾了一个梅字。

蜡梅原产中国中部。性喜阳光，但亦略耐荫，较耐寒，耐旱，有"旱不死的蜡梅"之说。对土质要求不严，但以排水良好的轻壤土为宜。

蜡梅之香沉浸在凛冽的寒气里，是北方之春最初的消息，是北方冬天唯一露地开花的灌木。的确太奢侈了。星星点点蜡梅，也足以慰藉数九数到六九的我们。

远处的是明月，近处的是蜡梅。

暗香点点亮。花如月，月如水。

狗牙蜡梅迎狗年。

后来，雪落在雪上，花也落在雪上。

雪落在荷塘里

　　《诗经》已有咏荷："彼泽之陂，有蒲与荷。"咏残荷者，南唐中主李璟有《摊破浣溪沙》："还与韶光共憔悴，不堪看。"元朝诗人陈孚有《河间府》："我生功名付樽酒，衣如枯荷马如狗。"各有妙处。

　　予独爱冬日雪后残荷，至于究竟为什么，似乎也未曾细想。

　　或许是因为，所有荷塘里的故事，最后就剩下这些梗概。没有了任何遮蔽，没有了任何纷扰。清清楚楚，明明白白。不多什么，也不少什么。仿佛世界最初的样貌。

　　或许是因为，万物四季轮回，终于到了安稳之地。风吹着风，顺便吹起已经落下的树叶。风吹着裸树的树梢，也顺势吹动池塘边的荒草。

　　雪，已经融化，化成了冰。残荷留在冰上，仿佛寂静凸现出来。我无法真正靠近这样的时刻。我甚至害怕触碰到它们。我远远看着，就已经悲欣交集。

我看到的依旧是亭亭玉立。

残荷无残有深意。

即使冰雪很厚，也无法埋没一切。

冬天的荷塘，一定有什么奇异之处叫人舍不得，叫人走不开。

雪落在荷塘里，要什么有什么。

简直比低到尘埃里还要低。将来
一定有故事。

要说故事的梗概，就是这里来的。

白皮松的枝干与松针

白皮松，松科，松属。俗称虎皮松、三针松（针叶一束三针）。原产中国北方。著名的观赏树种。寿命可达800年以上。树皮呈灰白、深绿和褐红的色块。冬、春季褐红老皮脱落，形成神奇的纹理。

白皮松枝干的近景

松林里的美人儿，即使800岁了也是。

白皮松，树冠

松针自带光芒，隆冬也奈何不得。

白皮松树干，局部

白皮松在树干上做了毕加索们做的工作。

白皮松树皮正在脱落

毕加索们无论如何做不来白皮松做的事情。

白皮松接近地的树干，局部

真理就在表面上，因为有人不信才显得那么深奥。

白皮松起皮和脱落的树干，局部

若是心里没有，看是看不见的。

白皮松树干，局部
就看你如何看。造物主无论如何是不会什么都藏起来的。

油松，松枝

油松，松科，松属。俗称红皮松。原产中国。针叶一束两针。5月开花，来年10月结果。油松可炼松节油、松香。琥珀也是松脂的产物。

油松树干

松树的树皮也是松开的，所以是不老松。

油松树干

松树有松香，树皮似鳞甲。

雪松

雪松，松科，雪松属。产自喜马拉雅山麓。也叫喜马拉雅雪松。北京的雪松是1958年从南京引种的。9月开花，球果翌年秋天成熟。如果不是人工授粉，雪松结果比较罕见。原因是，雪松多是雌雄异株，雄花早开10天左右，很难自然授粉。就好像男欢女爱时候总不对，结果可想而知。雪松精油在古埃及就开始利用。至今，很多香水都含雪松精油成分。枝上所见"果实"，其实雄花的残留。

雪松落地的松果

你说雪松的松塔形同玫瑰，等于什么也没说。

有刺叶和鳞叶的圆柏果枝

圆柏，柏科，圆柏属。也称桧（guì）、刺柏。
产于中国，有三千年栽培史。3月开花，隔年种
子成熟。圆柏幼树生刺叶，壮树生刺叶和鳞叶两
种。老树只有鳞叶，往往被误认为是侧柏。圆柏
木质坚硬耐腐，树枯不倒，古人常用来做舟楫。

圆柏果枝

不要小看了圆柏的果实。它们会在春天里落到泥
土里，生出无数的小圆柏。

侧柏的枝叶

侧柏，柏科，侧柏属。别称扁柏、香柏。中国特有。雌雄同株异花。雄球花，米黄色，卵圆，长约2毫米。雌球花，近球形，径约2毫米，蓝绿色，被白粉。花期在3月。10月球果成熟。柏木是优质建材。柏叶有镇咳、平喘、止血、抗菌、镇静之疗效。

冬天侧柏的枝叶

柏树的早晨是清澈的。柏树的美不知从何而来。

跋

万物有生有命。花儿落尽，结果叮当。唯有自然才是一本完美的书，历久弥新，处处大观。而我不过是一个荒野里充满好奇心的阅读者。我的工作几乎可以这么说：人在山中，意在象外；检索草木，任由我心。

自古君子一物不知，深以为耻。而今吾辈所知，真可怜见。二十四节仍在，七十二候如前。五谷可分，四季难料。时有我认一株草，时有一花不我见。所得新知旧识，癖好而已，无用且美。

因为无用，可以孤注。走弯路也行，撞树干也好。这世上哪里有什么捷径可以给我们呢？求索自然之道，心无旁骛，我行我素。仰望造化神功，当然心存敬畏。细雨江岸长存，日边芳草无边。

最好的功课，便是一头扎进丛林里。太阳是荒野里唯一的灯，我不用别的照明。自然光，才够自然。胳膊肘是脚架，也省了负累。镜头是手动的，由我远，由我近。光与影，对我而言正好比一片树叶的两面。

宁与草木为伍。好像我也不是没有野心的人。这野心就是花时间去野外看遍野草野花。幽静、纯粹、辽远，一草一木一身轻。步步惊喜，回头是风。那里的诗意，你还没注意。不曾指望什么，倒也收获不少。

遇见总是不早不晚。晚一分，太阳落山。早一刻，花开未见。我喜欢一条道走到黑。更何况人兽不远，草木通灵。仅凭念念有词，已经结果满树。摄影这门手艺，几乎靠天吃饭。成也天成，不成怪我。

一诗一世界，进去才好看。处处寻常处，无处是寻常。我的读者在这里的发现，恐怕就是我拿树叶、花和种子写成的一首首诗。与此同时，这样的一首首诗又自然而然散落在种子、花和树叶上。于是，风吹梅花好过江。

没有什么虫子一定是害虫，也没有什么植物是入侵者。在造物主那儿，无有高下之分，兴亡之易。芸芸众生，各得其所。世界本来很大。一棵狗尾草要活，一粒稻子要打更多的米，一根芦苇甚至要思想。

天经地义，万物丛生。凭什么人要高高在上作威作福？物尽其用，不如物尽其美。人尽其才，不如人尽其善。天真的人啊，求你回到本来的天真里。赤子之心，更近自然。自然之心，更近赤子。

据古希腊人说，博学并不使人智慧。而博物是科学的前传、童年期和诗意，有志有趣，有情有景。没有惊奇就没有敬畏。沉浸于丛林秘境，一扫内心积垢，如同修身养气，充盈与活力油然而至。

物我两忘，神游八荒。自在东西，不分南北。我也往往固执己见：凡是让我们愉悦的，皆为草木；凡是叫我们忧心的，都是动物。当然，有人会争辩说，有些动物也给我们慰藉，那我就自动站到草木中来好了。

风吹草木动。风也吹来北大出版社周志刚先生，顺着草木的方向，他在盖娅自然学校的朋友那里把我查找出来，而我通常不在索引上。在此，读者和我都要特别感谢他最终促成这次美妙的出版与分享。

2017.12.30